寶印心珠

珠宝品鉴与佩戴宜忌文化探究

周德元——著

团结出版社

© 团结出版社，2024 年

图书在版编目（ＣＩＰ）数据

宝印心珠：珠宝品鉴与佩戴宜忌文化探究 / 周德元
著. 一北京：团结出版社，2025. 1. — ISBN 978-7
-5234-1198-8

Ⅰ . TS933.21

中国国家版本馆 CIP 数据核字第 2024LP7115 号

责任编辑：王宇婷
封面设计：阳洪燕

出　　版：团结出版社
　　　　　（北京市东城区东皇城根南街 84 号　邮编：100006）
电　　话：（010）65228880　65244790（出版社）
　　　　　（010）65238766　85113874　65133603（发行部）
　　　　　（010）65133603（邮购）
网　　址：http://www.tjpress.com
电子邮箱：zb65244790@vip.163.com
经　　销：全国新华书店
印　　装：三河市东方印刷有限公司

开　　本：170mm×240mm　16 开
印　　张：9.5　　　　　　　　　　　字　　数：141 千字
版　　次：2025 年 1 月　第 1 版　　　印　　次：2025 年 1 月　第 1 次印刷

书　　号：978-7-5234-1198-8
定　　价：48.00 元
　　　　　（版权所属，盗版必究）

图 1　远古时代的玉石（图片来源：参考文献）

图 1-1　红山文化玉猪

图1-2　新石器时代玉璜

图1-3　良渚文化玉琮

图2 翡翠熏炉和和田白玉熏炉（图片来源：参考文献）

图2-1 翡翠熏炉

图2-2 和田白玉熏炉

图3　几种典型的翡翠绿色图谱①（图片来源：参考文献）

图 3-1　祖母绿

图 3-2　阳绿

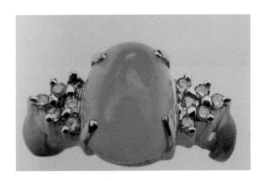

图 3-3　豆绿

图 3-4　蓝绿（蓝水）

图 3-5　墨翠

图 3-6　干青

---

① 笔者注：上面列举的各种绿色中，有些绿色之间的色差仅凭肉眼很难区分开，而在《翡翠分级》（GB/T 23885-2009）这个国家标准中，也没有鉴别各种绿色的内容。

图 3-7　花青

图 4　B＋C货和鉴定证书（图片来源：笔者自有实物）

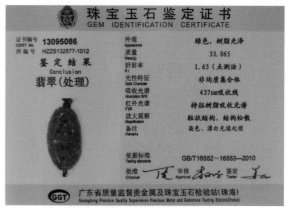

图5 翡翠的"地"（图片来源：笔者自有实物和参考文献）

图5-1 玻璃地

图5-2 冰地

图5-3 糯冰地

图5-4 糯地

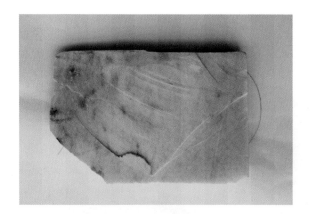

图 5-5　瓷地

图 5-6　灰地及狗屎地

图6 翡翠的"种"（图片来源：笔者自有实物和参考文献）

图6-1 玻璃种

图6-2 冰种

图6-3 糯种

图6-4 芙蓉种

图 6-5　金丝种

图 6-6　紫罗兰种

图 6-7　红翡种

图 6-8　黄翡种

图 6-9　干青种

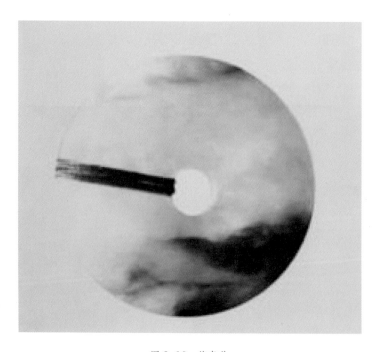

图 6-10　花青种

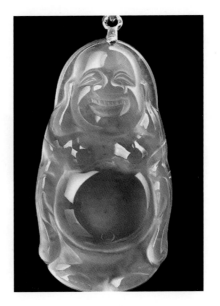

图 6-11　油青种　　　　　　　　　　　　　　　图 6-12　蓝水种

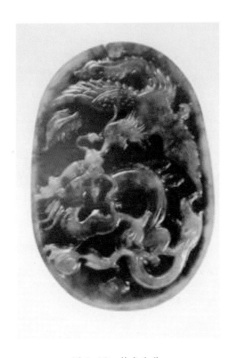

图 6-13　铁龙生种

图 6-14 豆种

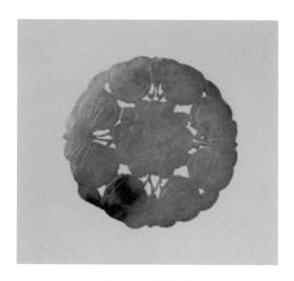

图 6-15 白底青种

图7 其他玉石品种图片（图片来源：笔者自有实物）

图 7-1　白玉瓶

图 7-2　岫玉熏炉

图 7-3　独山玉摆件

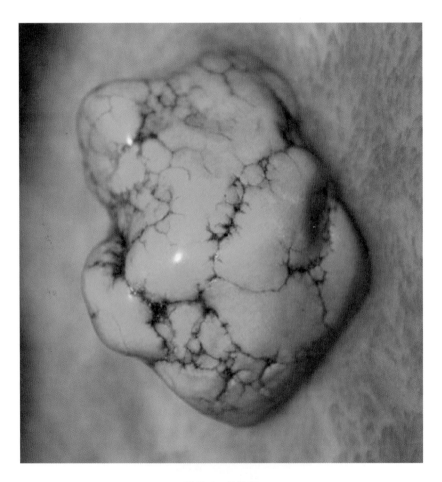

图 7-4　绿松石

图 7-5 黄龙玉

图 8　世界著名的钻石（图片来源：参考文献）

图 8-1　Cullinanl I（库利南 1 号）　　图 8-2　Cullinanl IV（库利南 4 号）（63.60 克拉）
　　　　（530.20 克拉）

图 8-3　Tiffany 钻石（128.51 克拉）　　图 8-4　希望（Hope）之钻（44.50 克拉）

图 8-5 朱必利钻石（245.35 克拉）

图 8-7 黄金佳节钻石（545.67 克拉）

图 8-6 无与伦比钻石（407.78 克拉）

图 8-8 世纪之钻（273.85 克拉）

图9　宝石图片（图片来源：参考文献和笔者自有实物）

图9-1　红宝石

图9-2　人造红宝石

图9-3　星光红宝石

图9-4　蓝宝石

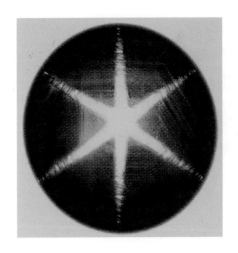

图 9-5　星光蓝宝石

图 9-6　人造蓝宝石

图 9-7　祖母绿

图 10　半宝石图片（图片来源：参考文献和笔者自有实物）

图 10-1　海蓝宝石

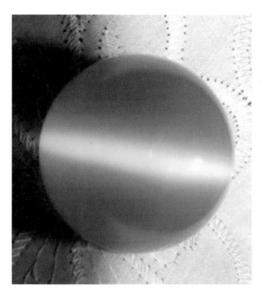

图 10-2　金绿猫眼

图 10-3 绿玉髓

图 10-4 南红

图 10-5 黑缟素玛瑙

图 10-6 石榴石（暗红色）

图 10-7 石榴石（翠绿色）

图 10-8 橄榄石

图11　有机珠宝图片（图片来源：笔者自有实物和参考文献）

图 11-1　淡水珍珠

图 11-2　红珊瑚

图 11-3　碎砾

图 11-4　琥珀

总　序

数千年来，中国的神秘文化始终是国人挥之不去却又无法全信的一种奇特的文化现象。至今尚未见到一个关于中国神秘文化的完整而严格的定义。一般而言，广义的"神秘文化"涵盖了许多领域：宗教、降神、招魂、驱邪、符咒、扶乩、谶书、五行学、奇门遁甲、命理学、卜筮、堪舆、相术、解梦、字占（测字）等，甚至传统中医和传统武术之中的一些神秘的东西，也可以纳入神秘文化的范畴。本丛书探讨的只是中国神秘文化中命理学、卜筮、堪舆、相术等部分领域，并没有涉猎神秘文化的所有领域。

说神秘文化无法令人全信，是指在神秘文化的诸多领域中，如命理学、卜筮、皮纹学（相学）、堪舆学（风水学）、扶乩、测字等，有些建立了比较完整的理论体系，有些的理论体系则很不完整。理论体系完整的领域，例如在命理学领域中，有"子平术""紫微斗数""铁板神数""邵子神数"等诸多的分支，每个分支都有一套完整的理论和推算规则，都能根据一个人的八字（所谓的"四柱"）或者他的出生年、月、日、时辰推算他的"命"和"运程"。问题在于，无论哪一个分支推算一个人的命运尚未见过百分之百准确的案例，在许多书籍和资料中只列举了算得准确的案例，或者是只列举了一个案例中部分准确的内容。这正是拥护神秘文化的人们所喜闻乐见的。至于那些不准确的案例或者一个案例中不准确的部分则略而不提。而这正是反对神秘文化的人们批判神秘文化的依据。当然，即使是现代科学实验和预测也未必会一次性百分之百的准确（最典型的代表是天气预报无法百分之百准确）。但是，神秘文化只说"过五关斩六将"的辉煌，不说"走麦城"败绩的态度毕竟是有失偏颇和不科学的。而且，为什么能推算出准确的部分的理论依据也没有（或无法）交代清楚，给人一个"知其然，不知其所以然"的结果。导致这种状况的原因是多方面的，一是古代先贤们将许多核心的规则和技巧视为独家秘技，不加以公开，得到真传的弟子极少，给人以神秘感。二是这个领域中门派林立，各有一套规则，没有公认的通行标准可言，却各自都标榜为"正统"之学。对于推断出的结果不相同，甚至矛盾，只能用"仁者见仁，智者见智"来解释甚至搪塞。三是现在的绝大多数从业者一知半解就行走江湖（甚至有些从业者根本没有入门，就出来混饭吃，江湖上称为"吃开口饭"）。这种状况的结果必然是让前来求算之人难以对推算的结果全信。所以人们对神秘文化推算的结果普遍抱有"不可不信，也不可全信"的态度。

至于对神秘文化的"知其然，不知其所以然"的现象，除了上述原因，还有一种观点认为是必然的。广西的名中医李阳波先生认为："世间的学问都是不究竟的，都是知其然的学问，尽管现代科技这样发达，但它仍然是'知其然'这个层次上的东西，只有出世的学问才是究竟的，才能真正做到'知其所以然'。"（参见李阳波先生的弟子刘力红等人整理的《开启中医之门——运气学导论》，中国中医药出版社2005年版）李阳波先生是医易兼修的名医，他的话很有道理，值得我们去思考和探索。

笔者出于对传统文化的兴趣和爱好，二十余年来，涉猎了神秘文化的诸多领域：命理学、卜筮、五行学、皮纹学、堪舆学等。总结心得后最大的感慨是：神秘文化作为中国传统文化的一个重要组成部分，博大精深，内涵极其丰富。它是我们应该去理智地传承的一笔宝贵的文化遗产。不能因为神秘文化领域有一些糟粕类的东西或者被一些江湖人一知半解地歪曲而全盘否定它，更不应该简单粗暴地扣以"封建迷信"和"伪科学"的大帽子。《孟子·尽心下》云："贤者以其昭昭使人昭昭，今以其昏昏使人昭昭。"伟大领袖毛泽东和邓小平都讲过"以其昏昏，使人昭昭"是不行的。不少批判神秘文化是"封建迷信"和"伪科学"的人其实对神秘文化不甚了了，却以"唯物主义者""科学家"的身份挥舞着反对"伪科学"的大棒去批判神秘文化，这是典型的"以其昏昏，使人昭昭"。这种做法本身就不是唯物和科学的。记得我国有一位当代著名的大科学家说过，人类在宇宙中还很年轻，许多自然界的现象，仅仅依靠人类现有的科学知识是无法解释的。因此，对于一些目前无法解释的现象，不应该简单地扣上"伪科学""迷信"的大帽子。笔者认为，这位大科学家的说法体现了一个严谨的学者应该持有的学术态度。

现代批判派认为《周易》倡导了神鬼思想。其实这是一种典型的"哈哈镜现象"。一个人本身并不畸形，但是由于哈哈镜本身的畸形，才使得照出来的人的形象发生畸形。如果详细研究《周易》全书中出现过的"神"和"鬼"这两个字，就能发现在《周易》中并没有倡导神鬼思想。例如，《周易》中是有几处出现过"鬼"字，如"高宗伐鬼方""震用伐鬼方""载鬼一车"。这里的"鬼方"是指殷商时代位于西北边疆的方国，不是我们现在理解的那个"鬼"。只是由于春秋战国时代的阴阳家们"舍人事而任鬼神"，这才使《周易》中的阴阳概念因含有了鬼神的色彩而变质。因此不应该给《周易》扣上一顶"倡导神鬼思想"的大帽子。

阴阳家们将《周易》理论神秘化，有主观原因也有客观原因。主观原因是他们希望营造《周易》理论神秘的氛围，让信众们有敬畏之心，这样便于他们获得当时那些帝王和权贵的重用，以此为谋生的职业。客观原因是即使许多阴阳高手能比较准确地预测，但无法说清楚为什么能准确预测的根据，因此只能将之归结为神鬼的旨意。这有点像英国的大科学家牛顿，他在晚年因为无法科学地解释一些自然现象，只能解释为神的旨意。

上述神秘文化的各个领域都可以让人感受其博大精深。例如，卜筮是《易经》的基本概念，也是伏羲最初创立八卦的目的。如果没有八卦，以及从周文王八卦推演得到的六十四卦，《易经》也就无从谈起。"皮之不存，毛将焉附。""象数派"作为易经两大流派之一，侧重于预测学的研究和探索，将六十四卦用于推断事物、人的状态和事件。这是回归到伏羲创立易经的本源。而易经的另一流派"义理派"则属于哲学范畴，从哲学层面来诠释六十四卦的卦辞、三百八十四爻的爻辞。它的研究已离开了伏羲创立易经的初衷，却另有一番天地。它的内容与一般意义上的神秘文化涉猎的内容截然不同。

遗憾的是，在古人留下的神秘文化的众多典籍中对许多关键问题、规则和技巧往往没有明明白白地交代清楚。其原因之一是为了保密，防止自己门派的秘技、秘诀外传。另一个原因是典籍的作者本身对有些关键问题也不甚了了，无法写清楚。神秘文化的各个领域普遍存在这个问题。在命理学、皮纹学、堪舆学等领域中这种现象更为突出。这正是造成其"神秘"的主要原因之一。这对于神秘文化的传播、传承和发展极其不利。进而产生了误导大众的后果，将信众和从业者引入误区。这些误区伴随着神秘文化的形成而出现。时至今日，由于神秘文化数千年来的传承和传播一直受到局限，各种关于神秘文化的书籍鱼龙混杂，再加上相当多的从业者对神秘文化一知半解的歪曲，因此这些误区不仅没有消除，反而更加扩大。

神秘文化是中华民族文化遗产宝库中分量很重的一部分，我们应该理智地学习和传承。笔者撰写"中国神秘文化的辨析和省悟"丛书的目的之一是，将神秘文化部分领域（命理学、易经、卜筮、皮纹学、堪舆学等）的有关知识和规则进行系统的归纳、分类和比较。之二是将神秘文化各个领域中的问题和误区加以辨析。告诉读者既不能盲目地迷信它，甚至走火入魔；也不应该因其神秘而简单地扣上"封建迷信""伪科学"的大帽子棒杀之。如果本书能起到这个作用，则笔者的心愿足矣。

笔者撰写这套丛书的宗旨是：力求内容完整和系统，写作立场保持严谨和客观，通过辨析得到真实的省悟。

前　言

将一本涉及珠宝的书放入"中国神秘文化的辨析和省悟"丛书中似乎有点风马牛不相及，不伦不类。也许在阅读本书之后，读者会发现，中国人心目中的珠宝除了经济价值之外，始终与中国传统文化密切相关，而且珠宝的文化内涵反过来又提升了珠宝的经济价值。

珠宝类的出版物已经很多，这些出版物基本上都是介绍珠宝的分类、价值、鉴定技术和选购技巧等。很少见到着重讨论珠宝的文化内涵的著作。本书除了介绍各种常见的珠宝品种，讨论近二十年间一些热门珠宝种类的价值变化趋势，以及常用的鉴定技巧之外，特别侧重分析和介绍了各种珠宝的中国传统文化内涵。

笔者是学数学和软件出身的，与珠宝行业不挨边，八竿子打不着。但是 20 世纪 80 年代，由于工作需要，与珠宝行业有了交集，加上笔者在昆明工作多年，接近当年翡翠的主要集散地：云南的腾冲、盈江、瑞丽等地，给了笔者进入珠宝行业的机缘。几乎同时，笔者开始研究和学习中国的神秘文化的一些领域。在将两个看似不搭界的领域交叉研究后，开始明白我们中国人对珠宝的理解不单纯局限于它的经济价值，更多的是结合命理、吉凶等概念，赋予珠宝独具中国特色的文化内涵。这让笔者对珠宝的了解进入一个新的阶段，给笔者一个将珠宝和中国传统文化结合起来研究的新课题。

在西方，人们喜爱的是钻石、宝石和珍珠等饰品，西方人给钻石、宝石和珍珠等也赋予了一些西方的文化理念，例如，"钻石象征永恒的爱情"；又如，不同月份（公历）出生的人对应不同的诞生石；等等。

在中国，除了钻石、宝石和珍珠，各种玉石和天然物质也被人们所喜爱，诸如：硬玉、软玉、砗磲、珊瑚、玛瑙、绿松石、琥珀……中国传统文化中的命理学、五行学、阴阳理论被应用到珠宝领域，大大丰富了各种珠宝的文化内涵，使得珠宝不只是一种可以佩戴的饰品和装饰摆件，也不只是一种炫富的东西或者简单的玩物。而在珠宝领域，玉石和玉器的文化内涵最为深厚且丰富多彩。因此，本书在玉文化方面讨论和分析的着墨较多。特别要说明的是，笔者在珠宝领域只能算是一个业余的"票友"，不是珠宝的从业者，更不是珠宝行业的百科全书。

佛教的源头不在中国，但佛教的一些理论与中国传统文化互相融合、渗透，因此，佛教的一些理念也渗透到珠宝领域。例如，国人经常可以见到某一件饰品或摆件被冠以"开光"的名头，于是其经济价值截然不同，开过光的饰品要比没有开过光的贵了许多。到底什么算是"开光"？笔者认为，现在市场上对开光存在误区，一些江湖人士，以及一些喜欢利用宗教外衣赚钱的僧人，甚至一些假和尚在欺骗世人。出世的宗教事业搞成了赚钱产业，变成了捞钱的工具，完全背离和歪曲了佛教的本义。

每年年底，市场上会涌现出类似"马年看运程""羊年看运程"的书籍，基本上都是香港的出版物，其中都会介绍在该年某个属相的人适合佩戴或摆放什么饰品。其本质上就是将命理、五行、阴阳理论引入珠宝和收藏领域。

笔者希望本书除了介绍珠宝的相关知识及其经济价值，还能起到介绍珠宝文化内涵知识、澄清一些误区的作用，那么笔者撰写本书的目的就达到了。

目 录
Contents

第一章 珠宝概说

　　按照《辞海》关于珠宝的解释："珍珠宝石一类的贵重物品，多用作装饰。"人们习惯将金银等金属之外的天然材料（矿物、岩石、生物等）制成的，具有一定经济价值的摆饰件、首饰等统称为珠宝。由于这些珠宝在制成首饰和工艺品时，往往需要配上金银材料加以镶嵌、包裹等二次加工，所以就有了所谓"金银珠宝"的说法。现在常见的"珠宝店"都是既卖珠宝制品，也卖金银制品，金银珠宝琳琅满目，可以说是"金玉满堂"。2000 年上海的一位商人邀请笔者参加他的金店开业典礼，笔者针对金店的特点，写了一首"金玉满堂"的藏头诗表示祝贺：

> 金铂敛天下财富，
>
> 玉翠凝山川灵气。
>
> 满志须斯人踌躇，
>
> 堂皇行人间正道。

　　"珠宝"中的"珠"的本义是指珍珠。"宝"则泛指玉石、宝石和半宝石，以及其他天然的贵重物品。在中国包括部分东南亚国家，把玉石和宝石（包括半宝石）视为两种不同的类型。因此，对"珠宝"大致上有共识的分类是：宝石（包括钻石）、半宝石、玉石（包括硬玉和软玉）以及其他天然的宝物（例如，珍珠、砗磲、琥珀、珊瑚等）。

　　特别要指出的是东西方对"玉"的认识差异。中国人所说的玉石在英语中有一个对应的名词：Jade，英国人又把中国人说的玉石称为"彩石"（Ornamental Stone）。在英语中还有一个单词"Jewellery"，既可解释为"珠宝"，也可解释为"玉石"。斯特林出版社（Sterling Publishing）于 1976年出版的《世界宝石》（*Gemstones of the World*）一书中关于"Jade"有一段注释，原文如下：

The name goes back to the time of the Spanish conquest of Central and South America and means *piedra de ijada,i.e. hip,* as it was seen as a protection against and cure for kidney diseases. This word was spread via Europe across the world. The corresponding Chinese word *yu* has not been generally accepted.

　　这段话告诉人们，"Jade"这个词在西班牙人征服中南美洲的时代是指用来治疗和保护肾和关节的一种东西，并不属于珠宝类的东西。西班牙探险家们深信这一点，他们从美洲把这种珍贵的宝石带回他们的国家，并用西班牙语给它取了名字"piedra de ijada"，意思是"治肚痛的石头"。古法语吸收了这个词，变为"l'ejade"；进入英语后变成了jade。并且，这个认识从欧洲传播到世界各地。而在中国却把"Jade"称为"玉"。英国人认为，"玉"的叫法并不被中国以外的国家和地区广泛接受。由此可见，东西方对玉石的认识和界定是不同的。英国人从名词"Jade"引申出另外一个名词"Jadeite"，指的是中国人所说的"翡翠"。

第一节　玉石

中国人对玉的认识可以追溯到远古时代，中国人爱玉、用玉已有数千年历史。我国考古学界于1982年在内蒙古兴隆洼文化的墓葬中发掘出土了一对白玉玦，据考证，距今约有8200年，其工艺非常精美。

在距今6000—5000年的红山文化中，玉文化占有很重要的地位。20世纪70年代，在内蒙古自治区赤峰市红山文化遗址出土了一大批造型生动别致的猪、龟、鸟、蝉、鱼等动物形象的玉器。1971年，考古学家在赤峰市翁牛特旗三星他拉发现了大型碧玉C形龙，周身卷曲，吻部高昂，毛发飘举，极富动感。它被考古界誉为红山文化象征的"中华第一龙"。众所周知，龙是中华民族的图腾。玉与中国传统文化的密切关系由此可见一斑。

中国特有的玉文化是华夏文明的重要组成部分。玉和玉器被历代中国人赋予了极其丰富的内涵，包括政治、文化、社会、经济等方面。

玉在中国的应用源于先民的生产活动。考古发掘证明，从旧石器时代至新石器时代的华夏民族的先民们制作了诸多的石制工具，制作这些工具的材料包括多种石材：花岗岩、石灰岩、蛇纹岩、透闪岩，以及石英、水晶、玛瑙、玉髓等各种美石。先民们发现各种美石的色彩和光泽可以进一步利用，把美石制成美化自己的装饰品。尤其是在新石器时代，先民们掌握了钻孔、研磨、抛光等工艺和技术，大大地扩展了装饰品的品种和形式。

考古的发现证明，在旧石器时代人类已有了宗教信仰的萌芽。当时的人相信在现实世界之外，存在着超自然的神秘力量和超人间的神秘境界。这种力量主宰着天地间万物的生存和兴衰，因而人们对它产生了敬畏和崇拜。于是，人们从最初的崇拜自然衍生出对图腾的崇拜、对祖先的崇拜和对神灵的崇拜。人们开始用各种物品来祭拜图腾、祖先和神灵。先民把玉石视为凝聚着天地、山川灵气的神物，它蕴含着那种主宰天地间万物的生存和兴衰的神秘力量。《荀子·劝学》云："玉在山而草木润，渊生珠而崖不枯。"随着雕琢技术的成熟，人们把玉雕琢成所崇拜的各种物件，进行供奉或佩戴，用作与天地、祖先和神灵进行精神沟通的礼器。因此萌生了独具中国特色的玉文化。在中国，自古至今，玉和玉器能数千年来始终被人们重视和喜爱，这是任何一种其他物质或物品所无法比拟的。究其原因，主要是玉的文化内涵。

由于崇拜的对象的多样性，因此，用玉雕刻成的物件也包括了极其丰富的内容。早期的物件主要是图腾，例如，天地、日月、山川、动物（包括龙在内的十二生肖、凤等）。佛教传入中国后，佛教中的神也被作为雕刻的内容，例如，佛祖、观音、罗汉，等等。道教兴起后，道教中的神也被作为雕刻的内容，例如，老子（被认为是道教的始祖）、八仙、钟馗，等等。各种宗教的用品也成为雕刻的内容，例如，如意、宝剑、扇子，等等。自然界一些被认为是吉祥物的东西也成为雕刻的内容，例如，葫芦、松柏、梅花、牡丹、瓜果，等等。社会形态的需求也成为雕刻的内容，例如，印章（包括皇帝专用的玉玺）、亭台楼阁、仕女、人像，等等。

玉石的多样性（包括硬度、颜色、光学折射率等）也丰富了雕刻物件的品种，例如，和田玉、岫玉、蓝田玉、独山玉、南玉（信宜玉）、翡翠，等等。许多介于玉和石之间的一些品种也成为热门材料，例如，玛瑙（包括最近几年价格猛涨的南红）、叶腊石、田黄，等等。更由于中国传统文化（阴阳学说、五行学说、命理文化）融入玉文化之中，因此给玉文化增添了独具中国特色的内涵。这正是笔者撰写本书的初衷，将在后面加以介绍。

在中国古代的原始社会，玉器是原始宗教的祭祀神器，只有巫师才可以持有玉器进行祭祀。在漫长的封建社会中，玉器被当作礼器和高贵饰品，只有帝王和达官贵人才可以拥有和佩戴。在近现代社会中，古代的祭祀已不复存在，但玉器保留了深厚的中国传统文化基因。诸如，玉器可以辟邪、招财、改运等。而且更多的玉器进入了寻常百姓家，作为兼有装扮美观和保有经济价值的装饰品。

数千年来，在中国人的祭祀神灵、祈求上苍、登基加冕、升官进爵、投资保值、积蓄财富、求医问药、婚配嫁娶、丧葬出殡等活动中，玉无处不在。因此，玉既是一种具有精神和文化价值的特殊用品，又是一种艺术品和装饰品。例如，2008年北京奥运会的奖牌就采用了镶嵌昆仑玉的制作方法，为那一届奥运会增加了一道亮丽的风景线。

笔者曾亲身参与了一件与玉文化有关的事。2007年，中国IT领域的IT两会，即中国IT财富CEO年会和中国信息主管CIO年会，由计算机世界传媒集团主办。该届年会打算给联想集团的董事长和IBM大中华区总裁颁发一个"珠联璧合奖"，以表彰联想集团成功收购IBM公司的PC机业务这个大事件。在讨论选择什么奖品时意见不一：奖励现金不合适、奖励景泰蓝制品太普通……当时，计算机世界传媒集团的朋友打电话给我，请求帮忙出主意。笔者建议他们借鉴北京奥运会的LOGO，采用"中国印"创意，用玉雕刻两方印章，上面用篆书镌刻"珠联璧合"四个大字作为奖品，一定独具特色。后来笔者的建议果然被采纳。

在文化层面，汉语中涉及玉的说法很多，例如，"通灵宝玉""君子比德于玉""化干戈为玉帛""宁为玉碎不为瓦全"，等等。在河南省南阳市就专门建了一座中华玉文化中心。

在中国古代，没有现代物理学中的硬度概念，因此，没有将玉石划分为地质学中所谓的"硬玉"和"软玉"。但是，人们根据加工和应用的经验知道在所有的玉石中翡翠最硬，于是将翡翠称为"硬玉"，将其他品种的玉统称为"软玉"。

随着18世纪欧洲大陆工业革命的推进，各种矿物的勘探、开采、冶炼、加工得到了长足的发展，这就衍生出对各种矿物硬度加以量化的需求。1812年，德国矿物学家腓特烈·摩斯（Frederich Mohs）首先提出了一种区分矿物硬度的方法，并制定出硬度计量标准，即所谓的摩氏硬度（又称为莫氏硬度、摩斯硬度）。他将自然界中公认的最硬的矿物金刚石（钻石）的硬度定为10，最软的矿物滑石的硬度定为1。再挑选了其余八种矿物，作为硬度1—10的参照物。列表如下：

不同硬度的矿物对照表

硬度	矿物
1	滑石（talc）
2	石膏（gypsum）
3	方解石（calcite）
4	萤石（fluorite）
5	磷灰石（apatite）
6	正长石（feldspar;orthoclase;periclase）
7	石英（quartz）
8	黄玉（topaz）
9	刚玉（corundum）
10	金刚石（diamond）

注：表中的"黄玉"并不是中国人所说的"玉"，而是一种半宝石，主产地是巴西。所以有些资料中将 topaz 称为"巴西黄玉"。

特别要说明的是，摩氏硬度与其他计量单位不同，例如，高度以公尺作为计量单位是有高度的绝对值的。而摩氏硬度并不是硬度的绝对值，它只是根据划痕法得到的硬度相对值。例如，如果某种矿物能将萤石刻出划痕，而不能将磷灰石刻出划痕，则确定它的摩氏硬度为4—5。根据测定，翡翠的硬度为6.5—7，比重为3.33。从表中可知，翡翠的摩氏硬度与石英相当。

其他玉石的硬度都在6.5以下，例如，和田玉的硬度为6—6.5，比重为2.96—3.17。这正好说明中国传统上关于硬玉和软玉的区分标准在物理学性能上是符合现代科学的规范的，因此是站得住脚的。[1]

由上可知，玉石分为硬玉和软玉两大类，硬玉只有翡翠一种。硬玉和软玉之间的硬度分界线是摩氏硬度6.5。

---

[1] 笔者注：由于翡翠的品种很多，成分多样，因此迄今未见关于翡翠的国家标准，这就导致翡翠的硬度只是一个大致范围。不同的资料中关于翡翠硬度略有出入。大部分资料中说的是翡翠的硬度为6.5—7，栾秉敖先生的《宝石》中说，翡翠的硬度为7。

第二节　宝石

宝石的概念有广义和狭义之分。

广义概念的宝石泛指所有的宝石和玉石。凡是色彩瑰丽、坚硬耐久、稀少，并可琢磨、雕刻成首饰和工艺品的矿物或岩石，包括天然的、人工合成的以及一些有机材料制成的，都是广义的宝石。

狭义概念的宝石则不包括玉石和其他人工合成的、有机材料制成的品种。单指色彩瑰丽、晶莹剔透、坚硬耐久、稀少，并可琢磨成宝石首饰的单晶体或双晶的品种，如钻石、红宝石、蓝宝石等。

宝石按其价值特征可分为三大类，即高档宝石、中档宝石和低档宝石。由于每一类宝石的生成环境、条件等方面存在差异，因此，形成了各自独有的特性。又由于宝石都是晶体结构，因而它们具有晶体的共性，也就是宝石的共性。主要有以下几点：

1. 大部分宝石是单晶体结构，少数是双晶体结构。因此宝石的折射率都比较高，显示的光学效果也比玉石更具魅力。

2. 晶体结构的宝石的化学成分比较均匀、纯净，其颜色往往是由一种或两种元素产生的。因此大部分宝石的颜色具有单一性。

3. 晶体结构使得大部分宝石为透明或半透明。

4. 宝石的晶体结构和所含元素导致它们具有玻璃光泽或金属光泽。

5. 与玉石相比，宝石的导热性比较高。

6. 与玉石相比，宝石的加工具有行业标准和图谱，例如钻石、红宝石和蓝宝石等。因此，宝石加工后的成品的形状有很多是相同的。而玉石的加工没有标准，基本上是根据玉石的品种和形状单独地设计加工。因此，玉石加工后的成品多是不同的。

由于东西方的文化差异，玉石被中国传统文化赋予了许多中国元素的文化内涵，中国人（包括海外华人）喜欢玉石的比较多。日本和东南亚地区由于受中国文化的影响，也有许多人喜欢玉石。而西方人则大多喜欢各种各样的宝石，例如，钻石、红宝石、蓝宝石等。在西方，宝石也被赋予了文化内涵，但本书的重点是介绍玉石的文化内涵。

第二章　常见玉石及其简介

第一节　硬玉——翡翠

迄今为止，人们公认的硬玉只有翡翠一种，其余的玉石均为软玉。翡翠的色泽、透明度、硬度和经济价值在所有的玉石中独占鳌头，称之为"玉中之王"当之无愧。和田玉，尤其是和田玉中的极品"羊脂白玉"堪称"软玉之王"，但与翡翠相比还是犹有不足。

翡翠的主产地是缅甸，在格鲁吉亚的高加索、美国加利福尼亚州、墨西哥等地区也有类似翡翠的硬玉，但质量与产量远远不如缅甸北部的密支那地区所产的翡翠，不能加工成首饰或工艺品。久而久之，人们只知道缅甸出产翡翠，因此，在珠宝行业翡翠又被称为"缅甸玉"，与和田玉等国产玉石加以区别。

笔者要声明的是，本书的重点是讨论各种珠宝的文化内涵，不是珠宝的鉴定，因此，书中对翡翠、软玉、宝石和其他天然宝物的矿物特性、鉴定标准、加工技术等内容只作大略的介绍。这些方面的内容读者还需要阅读更加专业的书籍和资料。

一、翡翠名称的由来

1. 说法之一

翡翠这个名词最早出现于春秋时代，但当时并不是美玉的名称，而是南方一种鸟的名称。《楚辞·招魂》云："翡翠珠被，烂齐光些。"《史记·司马相如列传》云："揜（yǎn）翡翠，射骏䴈（jùn yí）。"上面所说的"翡翠"的雄鸟名曰翡；雌鸟名曰翠。它的羽毛既可以当作装饰品，也可以用作箭上的羽翎。《后汉书·班固传》云："翡翠形如燕，赤而雄曰翡，青而雌曰翠。"班固《西都赋》中有"翡翠火齐，流耀含英，悬黎垂棘，夜光在焉"。《说文解字》（东汉·许慎）中关于翡和翠的解释为："翡，赤羽雀也。""翠，青羽雀也。"尤其是张衡《西京赋》云："翡翠火齐，络以美玉。流悬黎之夜光，缀随珠以为烛。"将翡翠与玉石、珍珠联系了起来。

在北京明十三陵的定陵博物馆中有一顶皇后所用的凤冠，它上面的装饰物就采用了这种羽毛。记得这顶凤冠的解说词说这种羽毛产自南方的一种鸟，叫作翠鸟。发掘定陵后，修复这顶凤冠时寻找这种羽毛还费了一番周折。

作为玉石的翡翠于明朝从云南腾冲进入中国后，人们发现这种产自缅甸的玉石既有美丽的红色，也有美丽的绿色，与中国的翡翠两种鸟的颜色很相近，于是这种缅甸玉被称为"翡翠"。由于中国是翡翠的当之无愧的最大市场，因此，这个名称反过来流入它的原产地缅甸，并被缅甸人广泛接受。

2. 说法之二

在翡翠进入中国之前，和田玉是国内最主要的玉石品种（当然还有岫玉、独山玉、蓝田玉，等等）。和田玉并不是只有白色和青色，而是有多种颜色：白色、青色、青白色、红色、黄色、墨黑色、翠绿色，等等。因此，在翡翠出现之前，所说的翠玉都是指翠绿色的和田玉（也称为碧玉）。缅甸玉进入中国后，人们发现缅甸玉也有翠绿色的品种，为了区别于和田玉中的翠玉，于是将来自缅甸的翠玉称为"非翠"。后来，"非翠"逐步演变为"翡翠"。

笔者认为，这两种说法中，第一种说法既有历史渊源，又与翡翠的两种主要颜色吻合，所以比较可信。

笔者发现，几乎每一本关于翡翠的书中都提到了中国近代地质学的奠基人章鸿钊先生在他的《石雅》一书中的说法。

关于翡翠进入中国，有一个未经考证，但比较可信的传说。云南的"茶马古道"是当时的中国与东南亚和印度等国重要的贸易通道，贸易货物主要是茶叶、木材、丝绸、香料等，交通运输方式是马帮，云南腾冲是主要的口岸之一。有一次，一支运货的马队中有一匹马的货垛左右不平衡，为此，赶马人随手在路边捡了一块石头压在货垛的另一侧。货物到了腾冲后，这块石头被随意丢弃在路边。后来一个碾玉的师傅路过时发现这块石头的磨损处露出了一抹艳丽的绿色。于是这位师傅将石头切开，发现了这种日后被称为"翡翠"的玉石。这个传说也可以说明，为什么腾冲在历史上是翡翠的主要进口集散地。

值得一提的是，缅甸的翡翠产区在历史上属于中国，后来英国从1823年开始入侵缅甸，1885年完全占领了缅甸，使之成为英国的殖民地。1897年，在英国的操纵下把原来属于中国的一大片领土强行划入了缅甸版图，翡翠的产区就在其中，于是后来发现的翡翠就不是国产玉石了。

二、翡翠与和田玉的认知差异

和田产的翠玉又称为"和田碧玉"，它的翠绿色与翡翠的翠绿色是有明显的差异的。翡翠的翠绿色划分了许多等级，虽然和田碧玉的翠绿色也有等级之分，但是翡翠的翠绿色的等级分得很细，和田碧玉则相对简单，因为，和田碧玉的绿色品种不多，差异不大。例如，翡翠中的"帝王绿"这个级别的翠绿色在和田碧玉中是没有的。

和田玉中白玉是最高档的品种，尤其是羊脂白玉属于和田玉中的极品，但是，它的价格与高档的翡翠还是有不小的差距。图2提供了翡翠熏炉与和田白玉熏炉对比的图片。佳士得拍卖公司2014年4月拍卖其中的翡翠熏炉，成交价为622万元。和田白玉熏炉在同年11月拍卖，成交价仅为101万元。二者相差了五倍。由此可见，翡翠"玉中之王"的称号绝不是浪得虚名。

翡翠与和田玉的鉴定标准之间还有一个显著的不同点，鉴定翡翠时讲究一个"透"字，也就是常说的翡翠的"水头"（即透明度）。和田玉则讲究一个"润"字，也就是常说的和田玉的"温润"。

和田玉已经出现并开发利用了数千年，历代帝王喜欢它，把它作为礼器，成为王公贵族的专享之物。尤其是象征天子皇权的玉玺在汉代以后大多采用和田玉雕刻，这一点在清朝的乾隆时期尤为突出。乾隆一生共刻制1800余枚玉玺，其中绝大部分是和田玉刻制的。后来由于晚清时期英法联军、八国联军入侵北京，大肆抢掠包括玉玺在内的各种珠宝，导致许多玉玺流失国外。加上清朝末年宫内珠宝的流失，目前散落在世界各地的乾隆宝玺有数百枚。因此，和田玉可以说是被千百个帝王炒热的。

清代以前没有见到什么帝王用的翡翠制品。例如在定陵博物馆（明朝万历帝墓葬）中发现了许多珠宝和玉器的陪葬品，却没有翡翠制品。后来，据说有人为了讨好慈禧，进贡了一件翡翠玉器给慈禧，慈禧很喜欢这件玉器，对它情有独钟，导致许多官员趋之若鹜，收集翡翠制品用于进贡，并自己把玩、佩戴和收藏。从那时开始形成了"翡翠热"。因此可以说，翡翠是被慈禧一个人炒热的。当然，后来人们给翡翠赋予了中国传统文化的内涵，既让翡翠能长久地传承，又得到了百姓的喜爱，使得翡翠的经济价值逐步超过了和田玉。

三、翡翠的矿物性能

翡翠是一种以硬玉矿物为主的辉石类纤维状致密集合体。它的另外一个名字叫硬玉。在《世界宝石》中的英文名称叫 Jadeite。

1. 化学成分：钠铝硅酸盐（$NaAlSi_2O_6$），常含钙（Ca）、铬（Cr）、镍（Ni）、锰（Mn）、镁（Mg）、铁（Fe）等微量元素。

2. 矿物成分（翡翠不是单一物质的矿物，它的组成比较复杂）：

（1）辉石类：绿辉石、钠铬辉石。

（2）角闪石类：角闪石、透闪石、阳起石。

（3）长石类：钠长石。

（4）副矿物：铬铁矿、暗色矿物。

（5）次生矿物：绿泥石、蛇纹石、蒙脱石、伊利石、褐铁矿。

3. 结晶特点：单斜晶系，常呈柱状、纤维状、毡状致密集合体，原料呈块状次生料为砾石状。

4. 摩氏硬度：6.5—7。

5. 解理：具有两组完全解理，在一些结构较粗的翡翠表面往往会出现片状或丝状闪光，俗称"翠性"，这是鉴定翡翠的一个重要标志，其中大一点的闪光俗称"雪片"，小一点的俗称"苍蝇翅"。

6. 光泽：油脂光泽至玻璃光泽。

7. 透明度：半透明至不透明。

8. 相对密度：3.30—3.36，通常为3.33。

9. 折射率：1.65—1.67，通常为1.66。因为在1.66附近有一较模糊的阴影边界。

附录

《翡翠分级》国家标准将翡翠定义为：翡翠是主要由硬玉或硬玉及其他钠质、钠钙质辉石（钠铬辉石、绿辉石）组成，具工艺价值的矿物集合体，可含少量角闪石、长石、铬铁矿等矿物。莫氏硬度6.5—7，密度3.34（+0.06—0.09）g/cm^3，折射率1.666—1.680（±0.008），点侧1.65—1.67。

四、翡翠的鉴定

现在，造假的翡翠已经充斥了市场。因此，对于翡翠，首先要鉴别它的真假。

一件玉器的经济价值，需要根据当下的市场行情加以判断。珠宝业内有一句行话："黄金有价玉无价。"说的是玉与黄金和钻石不同，黄金和钻石有划分等级的国际标准，无论是翡翠或和田玉都没有国际标准，我国虽然有了一些标准，但没有被业内认同并推行，也没有被消费者了解和应用。于是人们又说："玉是讲缘分的。"一个顾客如果喜欢一件玉器，即使它贵，也会买下来。因为他与这件玉器对上了眼缘。

在确定了一件翡翠制品是真货之后，接下来的工作就是鉴定它品相的好坏、档次的高低。

步骤一：观察颜色和光泽；

步骤二：鉴定种水（透明度）和质地（翡翠的底子）；

步骤三：分析玉器的设计和雕工；

步骤四：确定价格，此时还要看是否与购买者对上眼缘，这取决于人的主观意识，不纯粹是客观的价值了。

1. 翡翠的颜色和光泽

好的翡翠基本上是半透明或透明的，并且呈现玻璃光泽，玻璃光泽强者为上品。翡翠因含有不同的染色离子而呈现各种颜色，通常有白、红、绿、紫、黄、粉等。纯净无杂质者为白色。

若翡翠中含有铬（Cr），则呈现绿色，如深绿、浓绿、淡绿等，这就是翡翠中的翠。

若翡翠中含有锰（Mn），则呈现紫色，如淡紫、红紫、深紫、蓝紫等，这就是紫罗兰色翡翠，业内也称为春花色或藕粉色。

若翡翠中含有铁（Fe），则呈现红色或黄色，如暗红、褐红、浅黄、深黄等，这就是翡翠中的翡。

若翡翠中含有铬（Cr）和铜（Cu），则呈现淡蓝、淡青等颜色，业内对带蓝色的翡翠称为"飘蓝水"。

但是，各国对翡翠的颜色划分没有统一的标准。缅甸翡翠分为三大类12个等级。中国有一个推荐性国家标准：《翡翠分级》（GB/T 23885—2009），于 2009 年 6 月 1 日发布，2010 年 3 月 1 日实施。所谓"推荐性国家标准"，是指这个标准不是强制性执行的标准。而且该标准中对翡翠的翠和翡两种颜色没有划分标准。只能是珠宝行业内自行划分翠色，传统上的分类多达二十余种，现在通行的分类也接近十种。而对翡色，业内还没有公认的划分标准。

翡翠业内将好的绿色分为：正、浓、阳、均四个档次。

正：是指颜色纯正度，不混有其他颜色。例如绿色，祖母绿色就是正绿色，而油青种的绿色混有蓝色等颜色，所以不算正的绿色，价值也会降低。

浓：是指颜色的深浅。但是不是颜色越浓就越好，适度为上，过分浓的颜色会适得其反。但是，到底什么算适度，什么算过浓，却没有一个量化的标准。也许还得用对上"眼缘"来解释。

阳：是指颜色以鲜阳明亮者为上。在中国传统文化中，"阳"是指阳气。阳气足，则生命力强。翡翠的明亮程度主要取决于翡翠中所含绿色、黑色和灰色的多寡。若绿色部分多，则颜色鲜阳明亮；若黑色或灰色部分多，颜色就显得灰暗，郁闷。越是鲜阳的翡翠，价值越高。当然，翡色和紫罗兰色也需要判断是否鲜亮。

均：是指翡翠的颜色分布的均匀度。翡翠是天然形成的，绝大多数翡翠的颜色是杂乱分布的，颜色均匀的翡翠十分难得，价值也高得多。

传统的翡翠颜色分类与现在通行的分类已经有了不小的变化。以翡翠的绿色为例，传统分类有二十多种：玻璃绿、艳绿、宝石绿、阳俏绿、黄杨绿、浅杨绿、菠菜绿、鹦哥绿、豆青绿、瓜皮绿、蛤蟆绿、匀水绿、江水绿、灰绿、灰蓝、油青绿、墨绿、金丝绿、疙瘩绿、干疤绿、花绿，等等。

国家标准《翡翠分级》将绿的色调划分为：绿、绿（微黄）、绿（微蓝）三个类别。市场上针对绿色的色调和浓艳程度分类却有多种说法。（只能认为是说法，而不足以成为公认的标准。）

例如，袁心强先生在《翡翠宝石学》中将绿色的色调分为：翠绿（含宝石绿、祖母绿、玻璃绿、艳绿等）、阳绿（含黄杨绿、鹦哥绿、葱心绿、金丝绿等）、豆青绿、瓜青绿、暗绿（含菠菜绿、瓜皮绿等）、油青等六大类。

又如，摩太先生在《翡翠级别标样集》中将绿色的色调分为：祖母绿、翠绿、苹果绿、黄阳绿、微蓝绿、墨绿、蓝绿、灰绿、油青九种。而且还提供了色板的样本。

大部分中国人并不知道翡和翠是两种不同的颜色种类，即所谓的"红翡绿翠"。高档翠绿色的翡翠多年来始终价格坚挺，居高不下。

近年来紫罗兰色的翡翠价格一路高涨，因此，业内流行"红翡绿翠，紫色最贵"的说法。在20世纪90年代，一只品相中等的紫罗兰色的翡翠手镯的价格只有数千元，现在的市场价格已涨到数万元甚至数十万元。

翡翠的造假已经有了几十年的历史，造假的水平也越来越高，几可乱真。导致许多人因为害怕买到假货，轻易不敢购买翡翠制品。

要特别说明的是，造假与赌石是两码事，关于赌石，将在第（六）节中说说笔者所知和亲身经历的几个典型故事。

此外，翡翠业内的造假与和田玉的造假也是不同的。翡翠的造假是用各种物理、化学手段将低档的翡翠变成高档货，其本质是"以次充好"。而和田玉的造假则是用其他品种的白色玉和石（例如，西峡玉、俄罗斯白玉、阿富汗白玉、戈壁石等）冒充和田玉，其本质是"造假"。

现在市场上真假翡翠鱼龙混杂，业内将翡翠按照真假分为五类：

（1）A货（未经化学处理的翡翠）

没有经过任何手段处理过的真翡翠。既是天然质地，也是天然色泽。A货翡翠质地细腻、颜色柔和、石纹明显，有色部位的透明度要高于无色部位，且光泽明亮、圆润，轻轻敲击时发出清脆的声音。用手掂量时的感觉比较沉重，与填充了化学物质的B货、C货和B＋C货的手感不同。它的纹理（玉纹）与D货的纹理（冬瓜纹）明显不同。

在翡翠业内，只对翡翠进行漂白和浸蜡处理的也被称为翡翠A货。所谓"漂白"和"浸蜡"的处理，是指不对翡翠作酸腐蚀或注色等化学处理。

（2）B货（原来有色，再进行漂白，除去杂质处理）

是将原来有颜色（翠色、翡色、紫罗兰色等），但内部有黑斑等杂质的"脏"翡翠用强酸浸泡，蚀溶掉杂质后，再用高压把透明环氧树脂或其他化学材料强行灌入由于强酸腐蚀所产生的微裂隙中。

B货翡翠由于被强酸浸泡，再填充了化学材料，因此有以下特点：密度下降、重量变轻、声音发闷、不够透明。B货翡翠由于强酸的腐蚀以及化学材料的寿命较短，一般而言，两年左右的时间就会失去光泽，甚至出现裂纹。

2015 年 6 月，笔者的一位朋友给笔者看了一件五年前在香港某家知名的珠宝公司买的翡翠挂件，价格高达两万元。但是，两年后，这个挂件开始出现块状的白绵，而且失去光泽，发闷。笔者看后告诉这位朋友，这就是典型的 B 货翡翠，上当了。

笔者在 20 世纪 80 年代听一位在香港九龙广东道做翡翠生意的朋友说过，香港有一些珠宝商人（包括他本人）已经在造假。由于翡翠的材质致密，因此他们用强酸浸泡翡翠需要 48 小时才能将其泡松。他们 B 货和 C 货都做，而且据他说，他们当时的技术已经超过了缅甸人的水平。香港和广州一些知名的大珠宝店是他们的造假产品的市场之一。

早期（20 世纪 80 年代）制造 B 货翡翠的原料是一种叫作"八三玉"的玉，它是与翡翠共生的一种低档的玉，主要成分是钠长石。

（3）C 货（原来无色，经过人工注色处理）

是将原来无色的翡翠用强酸浸泡，将它泡松后，用高压把混入颜色的透明环氧树脂灌入翡翠内部被泡松的裂隙中，使得原来无色的翡翠变成有色。C 货翡翠有以下几个明显的特征：

① 由于填充的颜色与天然的翡翠颜色不同，所以肉眼就能看出填充颜色的不正。

② A 货翡翠的颜色是天然形成的，因此，有色区域和无色区域之间的过渡很自然，没有明显的分界线。而 C 货翡翠是将颜色注入翡翠的裂缝中，因此注色部分的边界比较清晰，过渡不自然。用业内的行话说，C 货翡翠的颜色没有"色根"。

③ 早期的 C 货翡翠主要注入的是绿色，如果用查尔斯滤色镜观察，绿色变红或无色。由于造假技术也在进步，现在其他颜色的翡翠也已经有了 C 货。这时最好用专业的光谱分析仪进行鉴定。

④ 如果用强力褪字灵擦洗，C 货翡翠表面颜色会被擦掉或变色。

（4）D 货（不是造假的翡翠，而是用其他玉石或材料冒充）

这类似于用其他玉石冒充和田玉。冒充之物主要有：

① 最容易冒充翡翠的玉石当属马来西亚翠玉，比较难以识别。其他玉石也有用来冒充的，例如，和田碧玉、独山玉、东陵石等。但比较容易被识破。因为这些玉和石的硬度、比重、光泽等都很容易区分。只有马来西

亚翠玉比较具有欺骗性。肉眼区分它与翡翠的简单方法就是观察玉纹。马来西亚翠玉的玉纹很像切开后的冬瓜的纹理，所以，它在中国有一个别名叫"冬瓜石"。

笔者在1997年7月1日从广西的东兴市去越南的芒街时就亲眼见识了用马来西亚翠玉冒充翡翠的事件。那天上午，过了北仑河桥迎面就是一家华人开的珠宝店，门口用中文挂着"假一罚十"的招牌。笔者先看的是一粒红宝石，用肉眼看出它不具有红蓝宝石特有的"二色性"，告诉店主这是尖晶石，不是红宝石，店主无话可说。再看的是一个绿色的戒面，店主坚持说是翡翠的，笔者用肉眼就看出很明显的冬瓜纹，就告诉店主，这明明是马来西亚翠玉。他说："你都已经知道了。"就把那个戒面收了起来。我说，你们不是写着"假一罚十"吗？陪同笔者的朋友说，越南没有我国的"三一五"打假办公室，罚不了的。

② 近年来，出现了两种冒充翡翠的东西：水沫子和绿玻璃。水沫子是翡翠的共生矿，也是天然的，它的成分是钠长石和石英。而绿玻璃则是人造的冒充品，只能欺骗一些对翡翠根本不了解的人。它们的硬度、比重和光泽与翡翠有差别，用肉眼可以识别。也可以用小刀或钉子来试验划痕。翡翠是划不出痕迹的，而水沫子和绿玻璃则可以划出痕迹。

（5）B＋C货（在漂白除去杂质后，再人工注色）

所谓B＋C货，是先用做B货的工艺对原料进行漂白，再把颜色注入漂白后的原料中。

笔者手头就有一块B＋C货翡翠的样品，为了证实，笔者特意到广东省质量监督贵金属及珠宝玉石检验站（珠海）进行了检测。图片和鉴定证书见图4。

近十年来，翡翠的造假技术也在发展，有几个趋势需要喜欢玉的人士警惕。

① 造假原料的多样性，不再局限于八三玉。

② 人工注色不再局限于注入翠绿色，现在造假的油青种、飘蓝花、紫罗兰等已经为数不少。

③ 早期的造假，是对整块原料进行处理。现在的造假技术更加精细，可以对一块原料的局部区域进行处理。

现在珠宝行业的造假愈演愈烈，尤其是玉石（特别是翡翠）的造假已经成了一种难以消除的现象。希望上面的知识能够对读者有些帮助。

翡翠 A 货、B 货、C 货的鉴别方法如下：

A 货的颜色在荧光灯照射下不发生变化。

B 货会有荧光现象，且泛白色。

C 货的颜色在荧光灯照射下也不发生变化，但由于经过染色处理，颜色是沿着裂隙注入的，所以分布不均匀，用肉眼细心观察即可看出。

2. 翡翠的"地"和"种"

在翡翠业内，"地"和"种"是两个非常重要的概念。近年来，由于翡翠行业标准的不完善，从业人员参差不齐，使得"地"和"种"的概念模糊不清，导致许多人把它们混为一谈，误以为二者是一码事。

（1）翡翠的"地"

翡翠的"地"是指除去翡翠有颜色以外的部分，又称为"底子"或"地张"。它的结构和透明度是决定翡翠品相的主要指标之一。[①]

通常根据翡翠的透明度和粒度把翡翠的"地"分为六类：玻璃地、冰地、糯冰地（蛋清地）、糯地、瓷地、灰地及狗屎地。

① 玻璃地

质地如玻璃一样透明，非常纯净，无杂质，结构细腻均匀。即使隔着 1 厘米厚的翡翠也能看清文字。如图 5-1 所示。

② 冰地

质地透明至半透明，晶莹透彻，但是比玻璃地的翡翠粒度略粗，内部可见细小冰碴状物。如图 5-2 所示。

③ 糯冰地（蛋清地）

质地如生蛋清一样，很接近透明，整体色泽均匀，无杂质。糯冰地与下面说的糯地的区别关键是一个"冰"字。如图 5-3 所示。

④ 糯地

质地半透明，具有熟糯米般的细腻感。如图 5-4 所示。

---

① 笔者注：由此可见，无色透明的翡翠的"地"和"种"可以视为一体。即，无色透明的玻璃种和玻璃地，以及无色透明的冰种和冰地可以视为同样的品种，在市场上确实没有区别。

⑤瓷地

它的结构较粗，色底如瓷，微透明至不透明。杂质时多时少，做出的饰品略显呆板。如图5-5所示。

⑥灰地及狗屎地

质地不透明，颗粒粗，杂质含量多，底发灰、不干净，严重时称狗屎地，透明度差。有绿色的品种称为干青。如图5-6所示。

还有更差的一些"地"，例如，芋头地、乌地等，本书不作介绍。

（2）翡翠的"种"

翡翠的"种"是指对翡翠的矿物成分、颜色、结构、透明度等多种品质的综合描述。

例如，玻璃种、冰种、豆种等。"种"是根据翡翠结构的疏密和晶粒粗细程度来区分的；又如，油青种、干青种、芙蓉种等"种"是根据翡翠的颜色来区分的。好的翡翠一定有好的晶粒结构或好的颜色，或者兼而有之。因此，它必然属于某一类"种"，而无"种"的翡翠常常被业内人士称为"砖头料"。

翡翠业内还有把"种"区分为"老种"和"新种"的习惯。所谓一块翡翠的种老，是指它的矿物成分单一，晶粒均匀细小，结构紧密，颜色纯正浓重、均匀，水头足，硬度大，棉少且细小，光泽足。所谓一块翡翠的种新，是指它的矿物杂质多，结构疏松，晶粒较粗，棉多且分布面积较大，透明度较差，光泽不足。

在《翡翠分级》这个国家标准中没有"种"的概念，因此"种"只是一个行业内的通行术语。其后果是，对于种的分类出现了多种说法，而且各说各是，无法统一。当然，由于各种说法都是依据实际存在的翡翠实物，所以，各种分类基本上大同小异。下面介绍的各类"种"，是笔者对各种说法进行整理之后而得，不是什么标准，但可以供读者参考。需要说明的是，下面的分类中将紫罗兰种、红翡种和黄翡种等各自列出作为一个种类，在早年的翡翠行业术语中一般不把它们作为独立的一类。近年来，这三类翡翠，尤其是紫罗兰种和红翡种在翡翠市场非常走俏，隐隐地成为两个热门的翡翠品种。因此单独列出。

① 玻璃种（老坑玻璃种、新坑玻璃种）

玻璃种是翡翠中最顶级的品种，它的颜色是绿色或无色的。质地细密，纯净无杂，没有裂绺或棉纹，有玻璃光泽，有荧光效应。轻轻敲击会发出金属质的脆声。绿色玻璃种的颜色正而不邪，浓艳鲜阳；无色玻璃种纯净无瑕，透明度很高。见图 6-1。

玻璃种有老坑玻璃种和新坑玻璃种之分。老坑玻璃种的质地更加细腻，肉眼看不到晶粒的痕迹，颜色更为纯正、明亮、浓艳、均匀。水头更足（透明度更佳）。二者的价格差距比较大。从地质学的角度判断，老坑玻璃种翡翠大多产自翡翠的老坑矿洞（属于翡翠的次生矿），新坑玻璃种大多产自翡翠的新坑矿洞（属于翡翠的原生矿）。[①]

② 冰种

冰种翡翠和玻璃种翡翠在颜色的正邪和均匀性等品质上的差异不大，冰种翡翠的质地相当细腻，轻轻敲击时也会发出金属脆声。它们的主要区别在于透明度和纯净度。冰种翡翠中多带有裂绺或棉纹，甚至较为明显的细小裂纹。正是这些因素，导致冰种翡翠的透明度不如玻璃种翡翠。而且，冰种翡翠不会带有荧光效应。见图 6-2。

冰种翡翠也属于高档翡翠，但与玻璃种翡翠的价格相差很大。

冰种翡翠有多种颜色，例如，冰种飘花带有蓝色的，若整块翡翠都呈蓝色，则称为冰种蓝水翡翠；若蓝色是絮带状或小块蓝色，则称为冰种飘蓝。

冰种翡翠也有老坑种和新坑种之分，它们的区别与老坑玻璃种和新坑玻璃种之间的相当类似。

③ 糯冰种、糯种

糯种又称为糯化种。它的透明度低于冰种，基本上属于半透明。业内还根据透明度的高低将糯种细分为糯冰种和糯种。所谓"糯种"，是因为它的视觉效果有点像糯米粉制品，显得比较温润，而且具有玻璃光泽。见图 6-3。

---

① 笔者注：这正是为什么鉴别一块翡翠时需要搞清楚它产于哪个矿区。缅甸的翡翠主要产区将在后面介绍。所以，在翡翠业内有一句俗话"不知场口，不玩赌石"。

④ 芙蓉种

芙蓉种翡翠多指绿色的翡翠。它的绿色的特点是：浅绿色、颜色纯正、均匀一致、晶粒较细，但不清晰。因此，透明度比冰种和玻璃种差许多，润而不透。见图 6-4。

⑤ 金丝种

金丝种翡翠是绿色翡翠中的一个品种，少有其他颜色的金丝种翡翠。它的透明度比芙蓉种翡翠好，属于透明或半透明。质地细腻，裂绺或棉纹较少。大部分金丝种翡翠的绿色呈丝状平行排列，绿色呈片状或杂乱丝状排列的较少见。根据质地的不同，金丝种翡翠有玻璃地金丝种、冰地金丝种和豆地金丝种等类型。见图 6-5。

⑥ 紫罗兰种

紫罗兰种翡翠是一种紫色翡翠，紫色一般都轻淡。可细分为红紫（紫色中带有浅粉红色或偏红色）、茄紫（紫色中带有茄子般的紫红色）和蓝紫（紫色中带蓝色）。它的晶粒比较粗，因此大多加工成摆件、手镯、挂件和手把件等，但近年来笔者发现市场上用紫罗兰种翡翠做的戒指也多了起来。如果紫罗兰种翡翠的晶粒很细，紫色很深，且透明度高，则是紫罗兰种翡翠中的极品，业内称为"皇家紫"，但很稀少。紫罗兰种翡翠的紫色还有一个名字叫"春花色"，市场上说的"春带彩"，就是指一块翡翠既有紫罗兰色，又有绿色。一般来说，这样的品种价格比单色的要高。见图 6-6。

⑦ 红翡种

前面说过，若翡翠中含有铁（Fe），则呈现红色或黄色，这就是翡翠中的翡。如果是含有赤铁矿，则呈现红色（鲜红、暗红等），这一类的翡翠叫作红翡。其中晶粒细密，透明度为半透明或透明，红色鲜艳，则是红翡中的精品，价格较高。见图 6-7。

⑧ 黄翡种

若翡中含有褐铁矿，则呈现黄色（浅黄、正黄、深黄等），这一类的翡翠叫作黄翡。黄翡的晶粒一般较粗，凡晶粒细密，正黄色，透明度高的黄翡属于黄翡中的精品，价格也比较高。见图 6-8。

⑨ 干青种

凡翡翠的绿色呈现浓绿色，且色正不邪，但晶粒较粗、透明度低、强光难以射入的称为干青种。其中的绿色呈斑状分布，不规则。干青种翡翠的价格较低。见图6-9。

⑩ 花青种

凡翡翠中的绿色分布不规则，有疏有密、有深有浅、形状不一，其底色多为淡绿或无色，晶粒有粗有细，透明度较差。此类翡翠称为花青种，价格较低。见图6-10。

⑪ 油青种

业内把翡翠的绿色较暗的品种称为油青种。这种绿色不纯正，不鲜艳，发暗，有浅青、深青之分，深青色的也被称为瓜皮油青。有些油青种的翡翠呈现蓝色或灰色，其中呈现蓝色的比较贵。油青种翡翠的透明度一般都比较高，质地细腻。它有点像是在油中浸过，所以被称为"油青"。见图6-11。

⑫ 蓝水种

如果在翡翠内部有蓝色或灰蓝色的成分，则称为"蓝水种"翡翠。蓝色的分布不均匀，没规则。近年来蓝水种翡翠在市场上比较走俏，价格一路走高，但还是比不上纯正绿色的翡翠。见图6-12。

⑬ 铁龙生种（天龙生种）

其他品种的翡翠一般都根据颜色、质地命名，而"铁龙生种"这个名字则与颜色和质地无关，它原来是缅甸人的叫法，意为"满绿色"，它的英文名为：HTELONGSEN。后来香港人把它叫作"天龙生种"。这种翡翠绿色比较鲜艳，而且满色。但是，颜色不均匀，透明度一般都很差（基本不透明），结构疏松粗糙。有些铁龙生种的翡翠水头比较好（透明度高），价格比较高，市场中很少见到。普通铁龙生种翡翠的绿色比较鲜艳，也被一些消费者喜爱。见图6-13。

⑭ 豆种

豆种翡翠是中低档翡翠中最为常见的品种，其内部的绿色部分大多为短柱状结构，分布不规则，好像散落的绿色豆子，故称为"豆种"。它的晶粒较粗，质地粗糙，透明度不高，即通常所说的"水头不足"。根据豆种的颜色和质地，又可细分为细豆种、豆青种、冰豆种、彩豆种和粗豆种。但总的来说，属于低档玉种，市场价格不高。见图6-14。

⑮ 白底青种

白底青种翡翠也是中低档翡翠中较为常见的品种，市场上很多。它的底色多为白色、乳白色或很淡的紫色，白色的部分有点像白色瓷器。颜色有绿色、蓝绿色等。且颜色多为成团、成块、成片状。但没有与底色很好地融合，这是与豆种的主要区别。它的晶粒有细有粗，透明度较差。市场价格不高。见图 6-15。

3. 翡翠的加工

目前市场上有不少和田玉（尤其是小块的和田玉）不作任何雕琢，只是抛光而已。而翡翠则必须进行雕琢加工。这是翡翠与和田玉在市场表现形态上的显著区别。正是这个原因，使得翡翠的加工形成了一套特有的体系，也使得中国文化元素在翡翠雕件中反映得更加丰富多彩。本书的主题不涉及翡翠的加工和雕琢，因此对于翡翠的加工不作详细讨论。但是，有两点值得关注。

首先是赌石后的翡翠加工与雕琢。赌石是翡翠行业特有的现象，虽然和田玉和其他玉石近年来也有赌石现象，但相比翡翠的赌石，无论是规模，还是风险，都无法相提并论。特别要指出的是，翡翠赌石的后续效应很特别。一块翡翠赌石，即使赌输了，只要它不是 B 货或 C 货，而是输在成色不佳、价格太高，还可以通过高水平的加工和雕琢让它升值，弥补赌石环节输掉的价格，甚至超值。这就是赌石更深层次的魅力所在。由此可见，翡翠的加工和雕琢对于翡翠的价值至关重要。这是一门非常专业的技术，本书不作讨论。

其次是玉雕地域流派、风格和技术的变化。

中国的玉雕行业历史上有以地域划分的四大玉雕流派：扬派、海派、北派和南派。扬派主要集中于扬州地区。海派主要集中于上海、苏州等地区及附近。北派主要集中于北京地区。南派主要集中于广东地区。近几十年来，玉器市场的地域分布发生了很大的变化，因此，这四大流派的分布格局也发生了变迁。现在的主要玉雕之地有扬州、北京、上海（包括苏州）、广东的四会和揭阳、河南的南阳等地。原来四大流派风格不再局限于一地，而是相互交叉、渗透、融合。

雕刻风格上有南工和北工之分。南工的特点是：细腻、精致、精巧玲珑，注重雕刻技巧。北工的特点是：豪放、粗犷、古朴典雅，注重雕刻的刀工。

自古以来，玉石雕刻和抛光都是凭手工进行的。但是 20 世纪 50 年代后期开始出现了玉雕机，并从最初的机械式玉雕机发展到电动玉雕机、激光雕刻机、数字玉雕机。于是古代传下来的手工雕刻技巧和技术逐步被机械和雕刻软件替代，纯手工的玉雕件已经见不到了，从而弱化、融合了原来的南工和北工之分。这种现象类似于红木家具的生产方式由于许多高性能、数字化的木工机械的出现，纯手工的红木家具已经不复存在，再复杂的木工技巧，也可以由木工机械完成。现在的几个主要的翡翠交易市场：北京、上海、扬州、昆明、腾冲、瑞丽、镇平、广州、揭阳、平洲、四会中的玉器的南工和北工的区别已经不明显了。

令人痛心的是，许多玉雕传统技法和工艺在玉雕机械化的过程中失传了。笔者曾经历了这样一件事。2007 年，南派玉雕的标志性企业南方玉雕厂濒临破产。（顺便说一个现象，各地国有的玉雕厂，如北京玉雕厂、上海玉雕厂、扬州玉雕厂、南方玉雕厂等都已经消失了。）笔者听南方玉雕厂的朋友说，该厂有一位大师专门从事象牙镂空雕，曾经雕刻出多达十六层的象牙镂空球，每一层球体都可以自由转动。后来由于野生动物保护政策的限制，不能使用象牙作为雕刻原料。这位大师改用辽宁岫岩县的岫玉雕刻多层镂空球。几年前他年事已高，无法再从事雕刻，而且没有带徒弟，因此这门手艺失传了，成为绝响。笔者听说后，立马赶到该厂收了一件十层的岫玉镂空球（而且中间带了四个子母球）。又带朋友去该厂收了一件。到现在为止，还没有一种玉雕机能替代人工雕刻出镂空球。中国有许多传统的绝活、技法和工艺都在工业化的过程中失传了，而不是被淘汰了。手工雕刻的玉雕件所特有的韵味，在机械雕刻出来的玉雕件中是体会不到的。

五、缅甸出产翡翠的主要产区

前面说过，缅甸是世界上唯一产出首饰级翡翠原料的国家。在缅甸，翡翠产区集中在北部靠近中国的勐拱西北部的乌龙河（有些书中叫作"雾露河"）上游，面积约 3000 平方千米，长约 250 千米，宽约 15 千米。云南瑞丽有一家从事翡翠生意的公司就是以勐拱作为公司名字的。缅甸人把产翡翠的矿称为"场口"，在这块区域内的场口数量有上百个。在翡翠业内有句行话"不知场口，不玩赌石"，因为不同的场口所产翡翠的颜色、"地"和"种"各具特色，所以分清场口，对推断赌石的品种和好坏，是必不可少的前提。

人们根据地理位置把这些场口划分为六个场区。

1. **帕敢场区**（又称为帕岗）

这个场区位于乌龙江中游，开采时间最早，始于16世纪。地质构造为第三纪的砾岩相，是出产翡翠的典型地区。这个场区内的场口有三十多个。业内将帕敢产的翡翠称为"帕敢石"。一般来说，帕敢石的外皮都比较薄，有山石、水石和半山半水石三个品种。山石的外皮较厚，颗粒细密；水石的外皮较薄，显得比较通透；半山半水石很少见到。大部分帕敢石的外皮主要是灰白色及黄白色。皮壳乌黑色叫作黑乌沙，由于开采时间早，而且黑乌沙经常会开出老坑玻璃种满色（祖母绿色）的高档和极品翡翠，人们特别热衷，导致黑乌沙种现在非常稀少，也是赌石做假的主要品种之一。目前见到的黑乌沙大部分产于帕敢场区的麻蒙场口，黑得不浓，多是灰黑色的，档次不高。

笔者有一个亲历的故事：1995年，一位玉石商人向笔者的香港朋友推销一块黑乌沙种的翡翠，朋友请笔者把关。从外皮看，它的皮色很像黑乌沙，但在强光灯和放大镜下发现皮壳上的黑色是做出来的。于是，笔者问玉石商人，我可不可以用打火机烧一下，他很犹豫，但不好拒绝。笔者点着打火机在石头表面烧了几秒钟，发出了一股沥青的臭味，那个玉石商人很尴尬，灰溜溜地走人了。

2. **木坎场区**（又称为打木坎）

位于乌龙江的下游，著名场口有大木坎、雀丙、黄巴等十多个。所产翡翠俗称"木坎石"，皮壳多为褐灰色、黄红色，块度偏小，质地和种水比较好，但不太干净，大多数有白雾或黄雾。木坎所产的红翡的颜色比较艳，高档的是血红色的，价格很高，也很稀少。

3. **后江场区**

位于坎底江江畔的狭长区域，范围不大，所以场口不到十个。有新后江和老后江之分。老后江的料的块度很小，但皮薄，种水好，透明度高，且常有满绿的品种。由于块度小，比较适合做成戒面。新后江的料的皮厚，块度比较大，但多有裂纹，品质比不上老后江的料。[①]

4. 雷打场区（又称为"大场区"）

位于坎底江上游的山上。所产的料俗称"雷打石"，块度比较大，裂缕多，种水偏干，硬度不高，所以档次偏低。不适合加工成高档的首饰，比较适合雕琢成大中型摆件。

5. 南奇场区

位于恩多湖南侧，靠近铁路线，交通方便，所以到此买货的玉石商比较多。但场口不到十个，比较有名的场口是南奇、莫罕、莫六等。南奇场区石头的外皮比较薄，没有雾，皮薄，块度小，颜色为绿色偏蓝、灰，甚至带黑。有些南奇石头由于含铁量高，所以呈偏红色。南奇场区也产黑乌沙种的翡翠，多为糯化地，外皮呈油黑色。

6. 小场区

位于乌龙江南面，面积比后江场区大三倍，区内只有十多个场口，整体规模不大，所以人们把它称为小场区。从地质结构上分析区内有翡翠的原生矿床，所产的翡翠有黄沙皮、黄红沙皮、黑沙皮等品种，其中以黑色带蜡壳的品种最多，曾产过许多优质翡翠。

六、几个真实的"赌石"故事

"赌石"是翡翠行业的一种特有现象，虽然和田玉和其他软玉也有赌石之说，但与翡翠行业不可同日而语。赌石与社会上或赌场内的那些赌博有本质上的区别。赌博没有创造财富，只是搬运财富，把钱财从输家的口袋中搬运到赢家的口袋中，财富的总量没有增加。即使一块赌输了的翡翠赌石，只要它真的是翡翠，而且不是 B 货、C 货，那么它还是具有经济价值的。输家没有输到底，不是输了个精光。如果将一块赌输了的翡翠原石经过精心的设计、高水平的加工和雕琢，一定能提升它的价值，弥补在赌石阶段输掉的部分，甚至有可能会超值。

赌石圈内流行的"一刀穷，一刀富""一刀生，一刀死"的说法是告诫

---

① 笔者注：老后江的料多数埋在河床冲击砂中，常年受江水的冲刷，所以外皮比较润滑。这有点像和田玉中的籽料。

人们赌石风险太大，不能轻易涉足。尤其是对翡翠不甚了解，只是抱着一夜暴富的心态去玩赌石，往往是输的下场，倾家荡产也是可能的。在笔者进入翡翠和其他玉石行业近三十年中见过不少赌石的例子。后面将说几个真实的赌石故事。

在赌石圈有些基本术语："全赌""半赌""明货""蒙面""水口""窗"等。"水口"是指在一块翡翠原石上擦出的一个小口子；"窗"是指在一块翡翠原石上切出了一个比较大的口子；"全赌"是指翡翠原石上没有开水口或开窗，这样的赌石叫"全赌"石，也称为"蒙面"；如果开了窗或水口则是"半赌"石。如果是切开了的赌石，则称为"明货"。赌赢叫作"涨"，大赢叫作"大涨"，赌输叫作"赌垮"。

正宗的赌石的开价和还价方式比较特别，双方不会直接说出价格（为了防止旁边的人听到价格），而是在桌子上放一张报纸，双方的手放在报纸下面伸出手指头表示金额。这种方式类似于北方的牲口市场，双方的手在袖子中伸出手指头。这种方式在现在的几大玉器市场延续了下来。在腾冲、瑞丽、平洲、四会等地的玉器店或摊位上，货主回答顾客询问价格时，为了防止旁边的人听到，不会直接说出价格，而是在计算器上按出价格。

翡翠赌石市场在缅甸有政府主办的公盘，每年一次或两次，入场有资格要求。在中缅边境非官方的、规模比较小的赌石市场有很多，例如瑞丽、盈江、腾冲等地。在中国内地也有很多，比较出名和有一定规模的是揭阳、平洲、四会等地的赌石市场。平洲采取了缅甸公盘的模式，也是定期开盘，入场也有资格要求。四会则有一个天光墟开放式赌石市场，谁都可以自由进入。所谓"天光墟"类似于北方古玩市场的"鬼市"，从早上三四点开始，九点以后收市。2013年笔者去天津，在天津古玩街见到了一个北方赌石市场。笔者进去转了转，发现那里的原石基本上都是从中缅边境拉来的次品。

故事一

1987年，一位入行不久的黎姓香港朋友带了少量资金去云南边境做翡翠生意。在瑞丽花3万元人民币赌了一块"蒙面"的全赌石。当时他入行不久，心里没底，在瑞丽问了其他几位香港珠宝商，他们都说他的这块原石赌输了。回到香港后，广东道（香港的玉器市场）的同行们也说他赌输了。他心里越发没底。后来他的两个兄弟说，不如开了吧，如果输了，我们每人帮你承担一万元的损失，如果赢了，也分成三份。谁也没料到，开出来的结果是大涨，以500万元卖掉了，翻了160多倍。时隔半年，他有了点资本和底气，又在云南边境花400万元赌了一块半赌货，结果又赢了，1100万元出手。这次赢了之后专门来见笔者，感谢笔者帮他结汇和办理出入口手续。

这是一个大涨的案例。1990年，有个与笔者相识的何某听说了这件事，来找笔者，愿意出资10万元，请笔者帮他玩赌石，希冀也能3万元变成500万元。笔者拒绝了，告诉他，抱有这种心态玩赌石必输无疑，笔者本来就不是专业的赌石人士，不会介入赌石圈子。

故事二

1992年，笔者因其他事情到昆明出差，云南的一些朋友听说了，来忽悠笔者买货，笔者一一拒绝了。有一天云南边境某县的一位领导经人介绍也带了一个卖原石的商人来昆明找我，务必要我看看他们带来的一块二十公斤左右的赌石，目的是要笔者买下。笔者情面难却，认真看了这块石头。告诉那位货主，你太辛苦了，那么老远带了一块外面糊了水泥再涂颜色的石头到昆明，大可不必。那位货主尴尬地走了。

故事三

前面曾提到的那位用沥青涂在原石表面冒充黑乌沙的商人，那次来的时候还干了一件不光彩的事。由于假货被识破，卖不出去，手头快没钱了，于是趁着笔者出差的时候又找那位香港朋友卖给他一块几公斤的翠玉，这块石头基本上是明货。但当时请了笔者的一位同事掌眼，这位同事大学学的是特种非金属矿产专业，是相当专业的。他看后认为是翡翠，十万元成交。香港朋友还是想再让我看看，所以先付两万元定金。三天后笔者回来，看了这块原石，问同事，你什么时候看的？他说是大家吃晚餐的时候看的。我说，你当时喝酒了吧？他说是喝了酒。我说，怪不得走眼了。第一，晚上没有自然光，看不准；第二，喝了酒，醉眼朦胧怎么看得准？这块石头根本不是翡翠，是新疆碧玉。同事再认真看过后，承认走眼了。那个商人等着拿余下的八万元，还没有离开。我通知他到我的办公室。他来了之后，我问他，这块石头是翡翠吗？他狡辩说，我只说这块石头是玉，没有说是翡翠。他心里很明白是碧玉，企图能混过去。我要求他退还定金，按照行规，是可以不退的，因为是甲方走眼。但他见我比较强硬，答应退还定金。但是，他说现在没钱了，以后再退。实际上至今未退。就当是两万元买了一块新疆碧玉，按照当时的行情，肯定是买贵了。但现在看，碧玉也涨了，所以这块碧玉现在的价值不止两万元了。

故事四

1993 年，云南的一位珠宝公司老板带了一批货到广东，先到珠海找笔者，想出手其中一块赌石，报价三十万元。笔者不看好这块石头，自己也没有那么多的钱来赌。他转到深圳去卖，有个香港人对那块赌石感兴趣，但吃不准，于是回香港找了一个掌眼的师傅，第二天掌眼师傅来看了后决定成交，价格还是三十万元。由于卖主和买主对这块石头都吃不准，虽然已经成交，双方还是决定开出来看看。结果开垮了，一万元都不值。这个案例验证了一句行话："神仙难断寸玉。"笔者认识的一个国内玉石界权威人士，写过珠宝方面的专著。据说在 20 世纪 90 年代中期，帮一个公司赌了一块石头，也赌输了。

故事五

笔者不是玉石界的专业人士，充其量只是一个票友。20 世纪 90 年代后期，由于工作性质的变化，将近二十年没有接触赌石。2011 年，笔者已经退休，应朋友的要求，去了腾冲买玉。笔者先买了几块很小的赌石（几百元的小料）找回感觉。接着买了几块正式的赌石，当时没有开，两年后，拿了三块去广东南海的平洲切开，结果一块紫罗兰、一块翠、一块红翡，基本上算是赢了。仅仅那块紫罗兰的料，笔者花了 12000 元买的，加工了一只贵妃镯、一个平安扣和十余个挂件，现在的市场价值超过六万元。这并不是笔者的水平高，主要是运气好。业内有个说法：赌石是"三分凭眼光，七分凭运气"。

故事六

2014 年，笔者和几个朋友去四会玉器市场，有个广州的朋友要笔者帮他的夫人挑一只手镯。笔者觉得市场上好的手镯都太贵，建议他在四会的赌石市场上买一块手镯料再去加工。他同意了。于是笔者帮他挑了一块半赌货的手镯料，花了两千多元，然后就在四会找了一家加工手镯的公司加工了两只手镯，每只手镯的加工费不到两百元。那家公司的老板说，这样品相的手镯在市场上每只超过八千元。应该说，这次算是赌赢了。这块手镯料是半赌货，风险小，容易赌赢。

故事七（笔者赌输的故事）

也是 1992 年，笔者去云南出差的那次，笔者见到了一块白岩砂皮的原石，这块石头已经开了窗，从这个窗看进去是高翠色，而且水头很好，笔者觉得有戏，花了三千元买下。没想到后来上电锯开了才发现，这是一块在砖头料的原石上镶了很小一块翠绿色的翡翠，然后再做了白岩砂的皮。毫无疑问是笔者赌输了。

二十多年来，笔者见到和亲历了许多赌石事件，得到的体会是，轻易不可涉猎赌石。要玩赌石，首要条件是心态正常，不能指望一夜暴富。其次是运气要好，这一点与笔者将在后面讲的命理文化有关。最后是玩赌石的基础是掌握必要的玉石知识。

第二节　软玉

前面说过，翡翠是产于缅甸的硬玉，国产的各种玉都是软玉。硬玉和软玉之间的物理性能差异是硬度。硬玉的莫氏硬度为 6.5—7，软玉的莫氏硬度是 6.5 或以下。国产的玉有很多品种：和田玉、岫玉、独山玉、南玉、蓝田玉，以及近十年来在市场上走俏的黄龙玉等。其中只有和田玉、独山玉的硬度达到莫氏硬度 6.5，黄龙玉的硬度稍高于 6.5，其他的软玉都比较软。

在玉石行业，只有翡翠与和田玉既能把大块的玉料雕刻成各种题材的摆件，又能把小块的玉料或大块玉料的边角料雕刻成各种各样的挂件和把玩件。其他所有的玉石品种（都是软玉），基本上都是用来雕刻各种题材的摆件，很少有软玉雕刻的挂件和把玩件。由于翡翠和和田玉本身适合雕刻成挂件，而且能最大限度地利用昂贵的玉料，因此使得翡翠和和田玉的市场价值更高。

一、和田玉

和田玉（Nephrite，也叫作 Jade）是软玉的一个主要品种，它还有一个名称：真玉。它与湖北绿松石、河南南阳的独山玉、辽宁岫玉并称为中国四大名玉。而和田玉无疑居于这四种玉之首。

和田玉的原产地位于塔里木盆地之南的昆仑山，古代属于西域的莎车国和于阗国（今中国新疆和田）。和田玉在古代称为昆仑玉或和阗玉。从商代晚期开始，和田玉就已经被开发利用，成为了雕琢玉器的主要原料。至今已有数千年的历史。《史记·大宛列传》云："汉使穷河源，河源出于阗，其山多玉石。"《汉书·西域传》云："莎车国有铁山，出青玉。"

1. 和田玉的矿物性能

和田玉的矿物结构是纤维状晶体的交织体。其原生矿床常为块状，即所谓的"山料"。次生矿为巨砾或卵石。原生矿经剥蚀后被搬运到河流中沉积下来成为卵石，即所谓的"籽料"。

它的主要成分是透闪石，我国把透闪石成分占98%以上的石头都命名为和田玉。化学成分是含水的钙镁硅酸盐。硬度为6—6.5，密度为2.95—3.17g/cm³，折射率为1.606—1.632。呈油脂光泽，一般为半透明或不透明。它的韧性是玉石中最强的，达到9以上，因此不脆，不易破损。

大部分和田玉是白色的，这是和田玉的主色。但由于玉中含有蛇纹石、石墨、磁铁等微量矿物质，因此形成了和田玉的多色性。除了白色之外，还有糖白、青白、黄、糖[1]、碧、青、墨、烟青、翠青、青花等多种颜色。

2. 和田玉的类型

传统观念的和田玉是专指新疆和田地区出产的玉石，这是一个狭义的概念。现在和田玉已经成为一类玉石矿物的总称，并非专指和田地区出产的玉石。现今和田玉的名称在国家标准中不具备产地意义，即无论产于新疆、青海、辽宁、贵州，还是俄罗斯、加拿大、韩国，凡是主要成分为透闪石的品种，即为广义上的和田玉。

（1）广义的和田玉类型

新疆和田料：和田地区（叶城县、且末县、若羌县、于田县等）是公认的白玉最好的产地；又可以细分为山料、山流水料、戈壁料和籽料，质地以新疆和田玉籽料最为上乘，山流水料次之，然后是山料，戈壁料。因

---

① 笔者注：所谓"糖"色是指土法生产的红糖的颜色。类似的颜色还有一种冰糖色，翡翠的颜色种类中就有一种叫作"冰糖翡"的颜色。

为过度开采，籽料和山流水料矿源基本已经耗尽，特别是最近几年，好料更加稀少，价格也越来越高。

俄料：产自俄罗斯的和田玉，行内称为俄料，产出形态也可以分为山料、籽料、山流水料。但俄料的籽料很少，大多为山流水料和山料，随着新疆料的日益稀少，俄料的白玉价值也逐渐提高，市场上的高端白玉，90% 以上都是俄料。

青海料：青海料又称青海玉或昆仑玉，是市场上常见的广义和田玉种类之一，产自昆仑山脉东缘入青海省部分，与新疆和田玉同处于一个成矿带上，古籍记载："昆仑山之东曰昆仑玉，山之北曰和田玉。"两者直线距离约三百公里，因此昆仑玉与和田玉在物质组合、产地状况、结构构造几个主要的特征上基本相同，可谓大自然中的孪生同胞。老坑的青海料质地细腻，可与新疆和田玉山料媲美。

韩料：韩料是广义的和田玉中的青玉山料。它的主产地是朝鲜半岛南部的春川，产于当地的蛇纹岩中，多显青黄色和棕色。脂粉不很好。韩料的化学成分与和田玉基本相似，硬度和密度与和田玉相比稍小，硬度大概是 5.5。韩料是新疆和田玉中价值最低的，与高端的羊脂白玉相差上万倍。

（2）按产地位置划分的和田玉品种

山料：又称山玉、宝盖玉，是指产于山上的原生矿，如白玉山料、青白玉山料等。

山流水料：原生矿石经风化后崩落到河流中，并被河水搬运至河流中上游的玉石。其特点是距原生矿近，玉料的块度较大，且表面棱角稍被磨圆。

籽料（又称子玉）：原生矿剥蚀被流水搬运到下游河床的玉石。它分布于河床及两侧的河岸中，既有裸露于河床地表的，也有浅埋于地下的。籽料的块度较小，常为鹅卵石形，表面光滑。由于经过了河水的搬运、冲刷及筛选，所以籽料的质量在三种玉料中最好。但是，由于过度开采，所以日益稀少。

（3）按颜色划分的和田玉品种

根据 2014 年 6 月 1 日起实施的新疆维吾尔自治区的和田玉地方标准（见参考文献 5），和田玉按照颜色划分，有以下八个品种：羊脂白玉、白玉、青白玉、青玉、黄玉、糖玉、碧玉、墨玉。

羊脂白玉：是和田玉中的精品，近十几年来已经很稀少，价格攀升得很高。其颜色呈羊脂一般的白色，也有略泛青色、乳黄色的。质地细腻滋润，油脂性好，半透明，绺裂很少。一般而言，羊脂白玉所含的透闪石达95%左右。有些羊脂白玉会带有少量的石花等杂质（应在10%以下，超过10%的，档次就降低很多）。许多和田玉会带有一种类似于土法生产的红糖的颜色，俗称"糖色"。上品的羊脂白玉带有的糖色少于30%。糖色在30%—85%的，称为糖羊脂白玉。超过85%的，就不是羊脂白玉了。

白玉：以白色为主，有些白玉略带灰、黄、青等颜色。质地细腻，有油脂光泽，半透明至不透明，常有一些绺裂、杂质及其他缺陷。一般而言，白玉所含的透闪石为90%左右。与羊脂白玉一样，根据带糖色的多少可进一步细分为白玉、糖白玉。糖白玉的糖色部分占30%—85%。超过85%的，就不是白玉了。

青白玉：是介于白玉和青玉之间的品种，颜色以白色为基础色，带有灰绿色、青灰色、黄绿色、褐色、灰色。质地细腻，有油脂光泽，但比不上羊脂白玉和白玉。半透明至不透明，常有一些绺裂、杂质及其他缺陷。根据带糖色部分的多少可进一步细分为青白玉、糖青白玉。

青玉：和田玉中常见的品种，颜色有青至深青、灰清、黄绿等。半透明至微透明状，质地细腻，也有油脂光泽，常有绺裂、杂质及其他缺陷。根据带糖色的多少可进一步细分为青玉、糖青玉。

黄玉：常见的黄玉多为绿黄色、粟黄色、灰绿色等。半透明或不透明，质地细腻，也有油脂光泽，常有绺裂、杂质及其他缺陷。根据带糖色的多少可进一步细分为黄玉、糖黄玉。

糖玉：由氧化铁、氧化锰浸染和田玉原石而形成，呈红褐色、黄褐色、褐黄色、黑褐色（类似于土红糖色）。半透明至不透明，质地细腻，有油脂光泽，常有绺裂、杂质及其他缺陷。若糖色部分占玉石整体的85%以上，则为糖玉。

碧玉：颜色以绿色为基础色，常见有绿、灰绿、墨绿等颜色，半透明至不透明，质地细腻致密，有油脂光泽，常有绺裂、杂质及其他缺陷，尤其是玉石之中带有黑斑或黑点者居多。

墨玉：如果和田玉被石墨侵染，则会呈现黑色或灰黑色，且多为叶片状或条带状。并夹带白色或灰白色。玉质不均匀，且有绺裂、杂质及其他缺陷者居多。半透明或不透明，质地细腻，也有油脂光泽。在和田玉中属于低档品种。

3. 和田玉的鉴定常识

本书不涉及专业的珠宝鉴定技术和技巧，只是介绍和田玉鉴定的一些基础性常识。专业知识应去查阅相关专业书籍。

（1）基本规则

近十多年来，由于和田玉在市场上日益走俏，价格一路攀升。因此对和田玉的鉴定显得尤为重要。在鉴定时，主要应抓住以下几个要点：

① 比重：和田玉比其他软玉的密度高，因此手感比其他软玉重，但比翡翠要轻。

② 硬度：和田玉的硬度达到莫氏硬度 6.5，比岫玉、蓝田玉、南玉、黄龙玉、绿松石、东陵玉等软玉要高，因此，比较容易区分。它与独山玉、俄罗斯白玉、青海玉的硬度相当，这时需要根据其他特征来区分。

③ 光泽：和田玉带有独特的油脂光泽，这种光泽与硬玉翡翠以及其他软玉的光泽有比较明显的区别。

④ 透明度：和田玉讲究的不是"透"（透明），而是"润"（温润）。其他软玉都没有和田玉那么润。而翡翠的挑选要点之一是"透"而不是"润"，这正是和田玉与翡翠之间的主要差异之一。

（2）和田玉与俄罗斯白玉、青海玉的鉴别

从地质构造的角度分析，和田玉、青海玉和俄罗斯白玉都产自同一个大的地质构造中，都属于昆仑山脉地带。因此它们之间的矿物成分和特性十分相近，都是含铁和氟的钙美硅酸盐的矿物。但它们的价格悬殊。正因为如此，目前市场上的许多和田玉实际上是用俄罗斯白玉和青海玉冒充的。甚至新疆地区市场上的和田玉也是从其他地区流入的俄罗斯白玉和青海玉。例如，一块品相不错的鸽子蛋大小的青海玉，只要几十元就能买到，而同样大小，品相好的羊脂白玉的价格最高达十万元左右。由此可见，现在有些网站上出售的几百元的所谓"和田白玉"，甚至"羊脂白玉"一定是假冒的。最多也就是几十元的青海玉或者俄罗斯白玉而已。

这个现象有点像"阳澄湖大闸蟹"的市场乱象。在苏南地区，甚至是阳澄湖边上出售的很多所谓阳澄湖大闸蟹，都是外地的蟹，因为它们同属"中华绒毛蟹"的大类。最多是有些冒充的蟹在阳澄湖中洗了个澡。

当然，只要细心地观察和分析，还是能区分出和田玉与俄罗斯白玉、青海玉之间的差异的。

① 和田玉与俄罗斯白玉的鉴别

俄罗斯白玉与和田玉都属于透闪石类的矿物，特性和结构非常相近。因此对二者的鉴别需要细致的观察和分析。

方法一：根据玉材鉴别

和田玉除了昆仑山、阿尔金山地区出产山料，在玉龙喀什河的河道中还出产价值更高的籽料。而俄罗斯白玉原料的95%都是山料，籽料很少。现在能见到的俄罗斯白玉籽料大部分产于湖区，大多带有黑皮或黑红皮，且皮子较厚。

方法二：根据玉料所含的杂质鉴别

和田玉山料中的脏（杂质）、绵、绺较多。而俄罗斯山料，即使是块度大的，其中的脏（杂质）、绵、绺也较少。

方法三：根据玉质鉴别

和田玉的籽料非常细腻，在强光灯下，其内部结构呈细粥状，油性很强，显得很润，它的白色多为糯白色、奶白色或阴白色（所谓"阴白色"是指白色带有很浅的绿色）。而俄罗斯白玉的白色多为纯白色和干白色，显得发干，油性不足。在强光灯下，其内部结构呈一块块绵斑状，不够细腻。

② 和田玉与青海玉的鉴别

与和田玉一样，青海玉也属于透闪石类的矿物，特性和结构非常相近。因此对二者的鉴别同样需要细致的观察和分析。

方法一：从玉石表面鉴别

和田玉有一个独有的特征，在高倍数（三十倍以上）的放大镜下观察，其表面有一些非常细小的"毛孔"。这一点在和田玉籽料上特别明显，是籽料在河床中被长期冲刷形成的。这个特征是青海玉所没有的，因此可以比较直接地将二者区分开。[①]

———————

① 笔者注：这有点类似于小叶紫檀表面的"棕眼"现象。本书不做赘述。

方法二：从"润"和"透"的差异鉴别

和田玉的最大特征之一是"润"，而青海玉不如和田玉"润"。却在"透"（透明度）上比和田玉强。将二者加以比较，可以区分之。

方法三：根据颜色鉴别

青海玉的主要品种之一是青海白玉，它与和田白玉在细润等特征上很相似。但是，青海白玉的白色大多是灰白色，而和田白玉的白色多为糯白、奶白或阴白色。而且青海白玉比和田白玉透（见方法二）。

和田玉中有糖色的品种，青海玉中也有同样的品种。但是和田玉的糖色比较纯，很少杂质，而青海玉的糖色往往带有黑褐色斑点或杂质。

近年来，由于和田玉的原料越来越少，价格越来越高，因此，俄罗斯白玉和青海玉成了和田玉的主要替代品。这导致了俄罗斯白玉和青海玉的价格涨得很快。例如，优质青海白玉原料价格，在1992年不超过每千克10元，二十年间翻了上千倍，甚至每千克超过万元。

在玉石行业，少数讲诚信的商家会明白告诉客户，他们用的是青海玉或者俄罗斯白玉。可惜的是，大部分商家会含糊其辞，甚至直接宣称他们销售或加工的原料是和田玉，欺骗客户。

（3）和田玉的造假

和田玉二十多年来日益受到人们青睐，导致价格猛涨。相比二十年前，和田玉的价格已经上涨了上千倍。于是，许多不法玉石商人开始用各种手法造假。目前已经在市场上泛滥成灾。和田玉的造假主要有三种类型：

①用和田玉山料冒充籽料

虽然和田玉的籽料和山料是同一种玉石，但由于籽料在河道中被冲刷了数千年，因此，更加纯净、圆润，市场价格比山料高很多。于是，有些人将普通的山料进行切割、雕琢、滚磨，冒充籽料。这种造假比起其他的造假行为，算是最有良心的，因为这些籽料虽然是造假的，毕竟还是和田玉。

②用其他玉石冒充和田玉

在和田玉的大类中，包括了俄罗斯白玉和青海玉，但它们的价格比和田玉低得多。于是市场就出现了用俄罗斯白玉和青海玉冒充的和田玉。由于它们与和田玉的矿物性质很相近，所以难以鉴别。

更有甚者，有些不法商人用新疆出产的卡瓦石、戈壁石，以及非新疆出产的阿富汗玉、岫玉等冒充和田玉，这些石料的外观与和田玉相似，但价格与和田玉有天壤之别，容易引人上当，吃大亏。但是，由于它们与和田玉不是同一种矿物，所以只要掌握了和田玉的特性，再加上一定的经验，凭肉眼和简单的方法就能分辨出来。

③ 造假的皮色

在和田玉行业内有一种特殊的现象，就是注重皮色。所谓"皮色"，说白了就是和田玉外皮的颜色。有一句行话："白玉不带皮，神仙都不识。"皮色主要有糖皮、黑皮等。有了皮色不但容易识别，而且可以进行巧雕，使得雕刻后的成品价格更高。这种现象已经蔓延到翡翠行业。早年翡翠的雕刻有巧雕的技术，但从来不专门讲究皮色，现在的翡翠市场上也开始出现了皮色的说法。

由于皮色被重视，能提高价格，于是不法商人们就在皮色上造假。主要的方法有以下几种：

酸碱腐蚀法

把和田玉料在高温环境下浸泡到强酸或强碱溶液中，并在溶液中混入三氧化二铁等粉末，使得和田玉料的外皮出现沁色。

血沁法

这种方法相当残酷，将活牛或活羊的腿部割开，把和田玉放入其中再缝合起来，经过长期的血液浸染作用使和田玉沁色，冒充红丝沁。

浸染法

把和田玉浸入铁皮屑与热醋的混合液或其他天然矿物质的染色溶液中，然后埋入地下数月，使得玉料的外皮出现红色等颜色。

和田玉籽料自然的皮色是在河水中经过了千万年的冲刷磨砺之后自然受沁而形成的。因此深入了玉材的肌理之中，这样的皮色有层次感，由深入浅，过渡自然。而通过染色造假的手段形成的皮色浮于表面，颜色显得比较鲜艳，但没有层次感，而且干涩，不滋润。这种皮色用开水一烫就容易褪色。

二、阿富汗玉、卡瓦石

在冒充和田玉的石料中，有两种值得关注，这就是阿富汗玉和卡瓦石。目前它们已经成为冒充和田玉的主要原料。

1. 阿富汗玉

根据亚洲宝石协会（GIG）关于地方玉石的研究报告：阿富汗玉是一种变质岩，学名方解石玉，又称碳酸盐质玉。主要由方解石和白云石组成，并含有硅灰石、滑石、透闪石、透辉石、斜长石、石英、方镁石等多种矿物。莫氏硬度在 4.0—5.0，比重在 2.7—2.9。

而和田玉主要成分为透闪石。现在市场上有许多不法商人用阿富汗玉冒充和田玉，但是，由于二者的矿物成分不同，各自的纹理差异比较大，所以比较容易区别。还有一个快捷鉴别的方法，就是阿富汗玉的莫氏硬度仅为 5 以下，用小刀等铁器即可在阿富汗玉上划出痕迹，而和田玉划不出痕迹。

有趣的是，由于阿富汗玉自身的材质不错，又可以用来冒充和田玉，所以近年来阿富汗玉的价格也在上升，于是有些不法商人用比阿富汗玉更低档的汉白玉和大理石来冒充阿富汗玉，形成了一环骗一环的连环欺诈状态。当然，无论在哪一个环节被骗，吃亏的都是消费者。

2. 卡瓦石

卡瓦石还有一个名称叫"新疆岫玉"。在新疆的蕴藏量很大，有人估计高达数十亿吨，开发前景广阔。实际上，卡瓦石的本质只是一种石头，不是玉石，在矿物分类上，它属于蛇纹石。它具有与和田玉籽料相似的特点：颜色多样、往往带有皮色，表面也像在河道中被冲刷多年的和田玉籽料那样光滑。它的矿物特性是：硬度低，质地粗，密度小。

卡瓦石的鉴别有几种方法，比较容易：

（1）根据卡瓦石硬度低、质地软的特点，很容易用小刀等铁器划出痕迹。

（2）卡瓦石的密度低、比重轻，所以石料上手后的手感比和田玉轻得多。

（3）卡瓦石表面的白色过亮、发干、没有温润感，用肉眼就可以看出它的质地粗、毛孔大。

三、岫玉

岫玉产于辽宁省岫岩县，故名岫玉。它是中国历史上的四大名玉之一。岫玉的矿物成分是在各种玉石（包括翡翠）中最为复杂的之一。其他玉石的主要矿物成分基本上是单一性的（除了独山玉），而岫玉的主要矿物成分却不止一种。因此，通常所说的只是广义的岫玉。

国内玉石界一般将岫玉分为两大类。

第一类是老玉（又称为"黄白老玉"），老玉中的籽料称作河磨玉，它的主要矿物成分是透闪石（与和田玉相同）。它的质地显得朴实、凝重，色泽为淡黄偏白，比较珍贵。

第二类是岫岩碧玉，它的主要矿物成分是蛇纹石。通常见到的岫玉中，主要是这个品种。所以有些人误以为岫玉的矿物成分就是蛇纹石，殊不知还有以透闪石为主要成分的"黄白老玉"。它的质地温润细腻，色泽以淡绿色居多，深绿色又通透者为其中真品，价格不菲。

亚洲宝石协会（GIG）的研究报告认为：岫玉矿物成分复杂，它不是一个单一的玉种。按矿物成分的不同，分为蛇纹石、透闪石，以及蛇纹石与透闪石混合体三种类型，其中以蛇纹石的玉为主。

岫玉的原石基本上是山料，块度颇大，少有卵石。1964 年曾经采出一块体积为 2.77 米 ×5.6 米 ×6.4 米，重约 260.76 吨的岫玉原石，它的透明度较高，呈浅绿色。后来被雕琢成一尊"玉王岫岩玉大佛"。1996 年 6 月 18 日在岫岩县哈达碑镇瓦沟村，发掘一块高 25 米，最大直径 30 米，体积约 2.4 万立方米，重约 60000 吨的岫玉，它是迄今为止世界上所发现的最大的岫玉，是当之无愧的"玉王"。

据地质考察分析，岫玉的资源比较丰富，远景储量约 300 万吨，即使为了保护资源而实行限产，其年产量仍占全国总产量的 60%。

对岫玉开发和利用的历史十分悠久。辽宁沈阳新乐文化遗址出土的用岫玉制作的刻刀距今 6800—7200 年。内蒙古赤峰一带红山文化遗址中出土的用岫玉制作的手镯，距今约 5000 年。河南安阳殷墟的妇好墓中出土的大量玉器中，有许多是用岫玉雕琢的。河北满城发掘的西汉中山靖王刘胜墓中出土的"金缕玉衣"的玉片中，有一部分是用岫玉制作的。

在许多古代典籍中可以找到对岫玉的描述。《毛传》（《毛诗故训传》）有"琇莹，美石也"的记载。有学者认为，"琇莹"很可能是岫岩的古称，或由"岫岩"的同音转换而来，或以地名称玉石。《尔雅·释器》有："东方之美者，有医无（巫）闾之珣玗琪焉。"晋代的郭璞对此作了注释："医无间，山名，今在辽东。珣玗琪，玉属。"这里所说的"珣玗琪"就是指辽东玉石"琇莹"。

以上种种说明，岫玉出现的很早，尤为重要的是，它与中国传统文化的关系十分密切，它在古代已经成为承载中国文化的一种载体。而且，岫玉在宗教文化中也得到了广泛的应用。《中国文物鉴赏·玉器卷》是这样评价的："几千年来，我国人民使用岫岩玉，从没间断过，最具代表的辽西出土新石器进期红山文化玉器用料全部为岫岩玉。从商周、春秋、战国到西汉，一直到今天，岫岩玉制品已随处可见。"

四、独山玉

独山玉产于河南省南阳市北八公里的独山，故名独山玉，又名南阳玉、独玉。它也是中国四大名玉之一。

它和岫玉的共同点是，都含有多种矿物成分。亚洲宝石协会（GIG）关于地方玉石的研究报告认为：独山玉的矿物成分是以硅酸钙铝为主的含有多种矿物元素的"蚀变辉长岩"。

独山玉的硬度为6—6.5，比重为3.29，其硬度接近翡翠，它的质地坚韧致密，细腻柔润，色泽多样，多达八种颜色，所以有的国外地质学家称它为"南阳翡翠"。

独山玉开采和利用的历史悠久，据考古发现，南阳县曾经出土过一件新石器时代晚期的独山玉制成的玉铲，距今已有6000多年历史。在悠久的历史长河中，中国传统文化元素融入了独山玉中，使之成为传统文化的一个重要载体。

由于独山玉含多种有色矿物元素，使得其成为一种多色玉石，它的颜色丰富多彩、变化多端。按颜色分类有近十个品种。如果含铬，则呈绿或翠绿色；如果含钒，则呈黄色；如果同时含铁、锰、铜，则呈淡红色；等等。更多的是多种元素并存，则成为杂色玉。它在独山玉中占的比例最多，约50%以上，其次是绿色玉和白色玉，分别约占30%和10%。

1. **按颜色分类的品种**

（1）绿独山玉

是指绿色、灰绿色、蓝绿色、黄绿色的品种。并有白色共存，颜色分布不均，多呈不规则带状、丝状或团块状分布。质地细腻，有光泽，接近半透明或不透明，因此带有玻璃光泽。其中半透明的蓝绿色独山玉为独山玉的极品，在业内称为"天蓝玉"或"南阳翠玉"，非常稀少。大多数绿独山玉是灰绿色、不透明的。

（2）红独山玉，又称"芙蓉红"

是指粉红色或芙蓉色的品种。颜色的深浅不一，微透明或不透明，质地细腻，有光泽。此类玉石很稀少，仅占5%以下。

（3）白独山玉

是指白色、乳白色的品种。有透水白、油白、干白三种，以透水白为最佳。质地细腻，具有光泽，微透明或不透明。白独山玉约占整个独山玉品种的10%。

（4）紫独山玉

它的颜色呈暗紫色，有亮棕玉、酱紫玉、棕玉、紫斑玉、棕翠玉等多个品种。质地细腻，坚硬致密，玻璃光泽，透明度较差。

（5）黄独山玉

它的颜色为深浅不一的黄色或褐黄色，透明度较好，呈半透明，其中常有白色或褐色团块。

（6）褐独山玉

它的颜色呈暗褐、灰褐、黄褐色，深浅不一。微透明或半透明。常与灰青或绿独山玉伴生。

（7）黑独山玉

它的颜色呈墨色或墨绿色，业内称为"南阳墨玉"。不透明，颗粒较粗大，常为块状，团块状或点状，常与白独山玉伴生。是独山玉中最差的品种。

（8）青独山玉

它的颜色呈青色、灰青色、蓝青色，颜色部分多表现为块状或带状，且不透明。它是独山玉中比较常见的品种。

（9）杂色独山玉

同时具有两种或两种以上的颜色，甚至有四至五种或更多颜色。杂色独山玉是独山玉中最常见的品种，占整个储量的50%以上。

2. 独山玉的等级

在商业上根据玉料的颜色、透明度、质地、块度状况，将独山玉分为特级、一级、二级和三级四个等级。

（1）特级：颜色为纯绿、翠绿、蓝绿、蓝中透水白、绿白；质地细腻、无白筋、无裂纹、无杂质、无棉柳；块度在 20 千克以上。

（2）一级：颜色为白、乳白、绿色，且颜色均匀；质地细腻、无裂纹、无杂质；块度在 20 千克以上。

（3）二级：颜色为白、绿、带杂色，质地细腻，无裂纹、无杂质，块度为 3 千克以上；或者颜色为纯绿、翠绿、蓝绿、蓝中透水白、绿白，无白筋、无裂纹、无杂质，块度在 20 千克以上。

（4）三级：色泽较鲜明；质地致密细腻，稍有杂质和裂纹；块度在 1 千克以上。

五、绿松石

绿松石是中国"四大名玉"之一，但国际上却把它归入半宝石类别。它的矿物成分是铜铝磷酸盐矿物的集合体。莫氏硬度为 5—6，相对密度为 2.6—2.9，质地不均匀，不透明，具有玻璃或蜡的光泽，具有多种颜色：天蓝色、淡蓝色、绿蓝色、绿色、带绿的苍白色等，深浅不一。它的弱点是怕酸碱、怕高温。主要产于中国湖北西部、中东、美国等国家和地区。它的英文名称是 Turquoise，意为"土耳其石"，并不是说它产于土耳其，而是指当年它从土耳其进口而来。

中国地质界老前辈章鸿钊先生，在 1927 年的名著《石雅》中解释说："此（指绿松石）或形似松球，色近松绿，故以为名。"是说绿松石因其天然产出常为结核状、球状，色如松树之绿，因而被称为"绿松石"。

绿松石有几种分类标准：

1. 按颜色分类

（1）蓝色绿松石（Blue turquoise）：蓝色或暗蓝色，不透明。

（2）浅蓝色绿松石（Pale blue turquoise）：浅蓝色，不透明。

（3）蓝绿色绿松石（Blue-green turquoise）：蓝绿色，不透明。

（4）绿色绿松石（Green turquoise）：绿色，不透明。

（5）黄绿色绿松石（Yellow-green turquoise）：黄绿色，不透明。

（6）浅绿色绿松石（Greenish turquoise）：浅绿色，不透明。

中国产的绿松石多为蓝色、浅蓝色、蓝绿色等品种。

2. 按产地分类

（1）尼沙普尔绿松石：产自伊朗北部的尼沙普尔地区。在中国古代已经有进口，故称为"回回甸子"。

（2）西奈绿松石：产自西奈半岛，是世界上最古老的绿松石产地。

（3）美国绿松石：产自美国亚利桑那州等地。

（4）湖北绿松石：产自中国鄂西北，古称"荆州石"或"襄阳甸子"。

3. 按矿物特性分类

（1）透明绿松石：绝大多数的绿松石是不透明的，透明的绿松石极为罕见，仅出产于美国弗吉尼亚州，块度很小，琢磨后重量大多不超过1克拉。

（2）块状绿松石：是一种致密的块状绿松石品种，色泽艳丽，质地细腻，坚韧而光洁，为玉雕的主要材料，相当常见。

（3）结核状绿松石：球形、椭圆形、葡萄形、枕形等形态的品种，块度大小不一。

（4）蓝缟绿松石：也称为"花边绿松石"，这是因为渗入了铁氧化物，所以形成了蜘蛛网状花纹。

（5）铁线绿松石：是一种表面具有纤细的铁黑色花线的绿松石。

（6）瓷松石：它的断口近似贝壳，抛光后的光泽质感均似瓷器，故称为"瓷松"。常见的颜色为纯正天蓝色，是绿松石中的最上品。

（7）脉状绿松石：是一种呈脉状、存在于围岩破碎带中的绿松石品种。

（8）斑杂状绿松石：是一种因含有高岭石和褐铁矿等物质而呈现的斑点状、星点状构造的品种，属于低档货。

（9）面松石：是一种质地不坚的品种，断口呈粒状，硬度小，用指甲就能刻划，除了大的块料，其余的用处不大。

（10）泡松石：是一种比"面松"还软的绿松石品种，最差，现在大多被用来造假，进行人工着色、注胶处理后成为优化的绿松石品种。

4. 国际上分级

（1）瓷松石：见3之（6）。

（2）绿松石：莫氏硬度为 4.5—5.5，颜色有蓝绿色和豆绿色，比瓷松石略低档，属于中等品质。

（3）面松石、泡松石：见 3 之（9）、（10）。

（4）铁线绿松石：见 3 之（5）。

绿松石是中国"四大名玉"之一，是有着悠久历史和丰富资源的传统玉石。考古发掘证明，新石器时代就有了绿松石制品。有的考古学家认为，中国历史上著名的和氏璧是绿松石所制。当然，由于秦始皇用和氏璧制成的传国玉玺已经不知所踪，无从考证确认。

在国际上，绿松石被作为半宝石，它的开采利用也已有数千年的历史。公元前 5500 年，古埃及就在西奈半岛上开采绿松石。在挖掘埃及古墓时发现，埃及国王早在公元前 5500 年就已佩戴绿松石珠粒。绿松石在国外被当作"十二月生辰石"。还有"成功之石"的美誉，象征着胜利和成功。

六、蓝田玉

蓝田玉是古代名玉，但未被列入"四大名玉"。它的开采和利用历史约有 5000 年。其主要成分是蛇纹石和方解石，并含有少量滑石等其他矿物。莫氏硬度为 3—4，密度为 2.7—3g/cm³。颜色有白、米黄、黄绿、苹果绿、绿白等。微透明或不透明，质地致密、细腻、坚韧，但有些蓝田玉品种不耐酸。

蓝田玉有芙蓉玉、墨玉、缠丝玉和姜花玉等品种。一般用来加工成摆件和工艺品，少有加工成首饰挂件的。据有人化验，蓝田玉含有对人体有益的钙、铁、钾、钠、锰、铜等多种微量元素，对人体有舒筋活血，养颜等功效，因此，蓝田玉被视为保健玉。例如将蓝田玉加工成玉枕和健身球等。

七、南玉

南玉，又称南方碧玉，与辽宁岫玉同属蛇纹石质玉石，因而又称南方岫玉。它是由富镁质岩石深变质而成，透闪蛇纹石质玉石，有美丽的花纹，并含有少量金云母、滑石、方解石、透闪石、绿泥石、绿帘石等其他矿物。莫氏硬度为 4.9—5.5，相对密度为 2.5—2.7。质地较细腻，具油腻或蜡色状光泽，半透明或微透明。有淡绿、黄绿、青绿、黑色、褐色等多种颜色。它的绿色与岫玉明显不同，多为暗绿或褐绿色。

由于南玉的硬度适中，比较细腻，所以适合加工成很薄的器件，也适合制作大型玉雕座件和中小型摆件，很少用来加工成首饰一类的挂件。

八、黄龙玉

2000 年，几个广西人在云南龙陵县龙新的苏帕河谷中发现了一种"云南黄蜡石"。它的质地细润、色泽金黄、块度硕大，有很高的观赏价值，于是有人开采后运到广西作为观赏石交易。由此开始，这种黄蜡石引起了玉石界的关注。最初的玉石商人觉得"石"不好听，就将它以产地命名为"龙陵黄玉"。到 2004 年，玉石界普遍知道了云南龙陵发现的一种新玉种。

笔者的眼光不到位，当时没有重视这个品种，现在只能遗憾了。

在 2009 年以后，省级地方标准和国家标准中正式采用了"黄龙玉"这个名称。云南省地方标准《黄龙玉分级》已通过云南省质量技术监督局审批发布，并于 2009 年 7 月 1 日起实施。这个标准明确定义了黄龙玉的术语、化学成分、结晶状态、常见颜色、光泽、解理、摩氏硬度、密度、光性特征、多色性、折射率、双折射率、紫外线荧光、吸收光谱、放大检查、特殊光学效应等 17 种质量指标。根据颜色变化将黄龙玉划分为 5 个等级，由高到低依次表示为 S1、S2、S3、S4、S5；根据黄龙玉表面反射率和特征，将黄龙玉饰品的光泽划分为 4 个等级，由高到低依次表示为 G1、G2、G3、G4；根据黄龙玉透明度的变化，划分为透明、亚透明、半透明、微透明、不透明 5 个等级，从高到低依次表示为 T1、T2、T3、T4、T5；根据黄龙玉净度的变化，将其划分为极纯净、纯净、半纯净、欠纯净 4 个等级，由高到低依次表示为 J1、J2、J3、J4。

从此，原来的中国四大名玉变成了五大名玉：和田玉、岫玉、独山玉、绿松石和黄龙玉。

黄龙玉的主色调为黄、红两色，兼有羊脂白、青白、黑、灰、绿等色。业内有"黄如金、红如血、白如冰、乌如墨"的说法。具体地说，黄色有金黄、蜜黄、蛋黄、鸡油黄、橘黄、枇杷黄等深浅不一的黄色；红色有鸡血红、朱砂红、猪肝红、玫瑰红、浅红、水红等；白色有雪白、冰白等。它的主色调是黄色和红色。在中国文化中，红色象征着胜利、喜庆，黄色象征着尊贵（在清代，明黄色是皇家专用的颜色）。二者的结合正好是中华人民共和国国旗的两种颜色，所以很符合中国人的审美观。黄龙玉发现的年代正是中国处于高速发展的太平盛世。这正好应了一句老话："盛世兴则美玉出。"

黄龙玉的矿物分类属于黄蜡石（又称为黄玉髓），它的主要成分是二氧化硅、白云母等，并含有铁、铝、锰等金属元素以及其他40多种微量元素。莫氏硬度为6.5—7，与翡翠相当，是中国五大名玉中硬度最高的。它的韧性好于翡翠，略低于和田玉。它与翡翠及和田玉类似，也是一种多晶复合体。而水晶是单晶体，这是二者的主要区别之一。

1. 黄龙玉与翡翠相比

它与翡翠的硬度接近，质地的评判都讲究细腻致密、晶莹、光泽等因素。与翡翠的不同之处是：

（1）翡翠的主要成分是绿辉石和钠铬辉石，黄龙玉的主要成分是二氧化硅和白云母。

（2）翡翠讲究透明度，所以玻璃种是翡翠中的最高等级。而黄龙玉的透明度不是评判指标，因为黄龙玉多是半透明，在黄龙玉中，没有玻璃种。

（3）翡翠的主色调是翠绿色，黄翡和红翡在翡翠中占比很小。而黄龙玉的主色调是黄色和红色，黄龙玉没有翠绿色。

2. 黄龙玉与和田玉相比

黄龙玉与和田玉都讲究温润、细腻致密、晶莹、光泽，尤其温润，是二者共同的评判指标。它与和田玉的不同之处是：

（1）和田玉的主要成分是透闪石，黄龙玉的主要成分是二氧化硅和白云母。

（2）和田玉的主色调是白色，黄龙玉的主色调是黄色和红色。

3. 黄龙玉与田黄石相比

从外观上看，一块黄色为主的黄龙玉与田黄石很相近，虽然二者在色泽、温润等指标上有共同点，但它们是有着本质的区别的。

（1）田黄石的硬度仅为2.5左右，达不到传统上对于玉的硬度标准，所以，田黄石虽然被尊称为"石帝"，但始终没有被归入玉的类别。

（2）田黄石的块度一般都很小，所以只能被雕琢成印章和小的把玩件。而黄龙玉的块度有大有小，大的可达数百千克，甚至数吨，所以既可以雕琢大型摆件，也可以加工成把玩件、挂件首饰等。

现在黄龙玉的市场价格已经暴涨，2004年，名为龙陵黄玉刚出现时，价格很低，一千克不到十元人民币。2008年，好的黄龙玉原石已经达到数千元一千克，现在已经超过万元。当然，目前黄龙玉的价格与翡翠、和田玉还是有不小的差距的。原因之一是黄龙玉出现的时间短，在市场上的认知度还需要一段时间的培育。另一个原因是，在玉石界还是有人持惯性形成的门户之见：黄龙玉发现的时间太短，就像一个暴发户，而翡翠、和田玉则是底蕴深厚的名门世家。笔者当时或多或少也有这个倾向。正确的理解应该是"英雄不论出处"，只要它本身够档次，不必因为它出道晚而轻视之。实际上，和田玉、岫玉、独山玉、绿松石的发现都已经超过千年，而翡翠的发现才数百年，却后来居上，超过了它们。笔者认为，黄龙玉也将如此。

还有人质疑黄龙玉出现才十多年，它的文化底蕴不够深厚。笔者认为，一个玉种的文化底蕴不是它与生俱来的，而是后来被人们赋予的。既然在数千年的历史长河中，其他的玉石被赋予了中国文化的底蕴，那么，假以时日，黄龙玉也将不断地被赋予中国文化底蕴。

总之，笔者建议读者给予黄龙玉足够的重视。

九、八三玉

八三玉是1983年发现于缅甸的一种翡翠共生矿，故名八三玉。它的主要矿物成分是钠长石，与翡翠不是同一类矿物。它的硬度接近于翡翠，但用来制作成翡翠的B货后，由于被强酸腐蚀，再注入化学材料，所以硬度会降低许多。

从矿物本质上说，八三玉不是一种公认的玉石，它的制成品的商业价值很低。主要被用来造假成为翡翠的B货。现在市场上的翡翠B货，大部分是以八三玉为原料的。

八三玉与翡翠的直观区别主要有以下几点：

1. 八三玉在高倍数放大镜（三十倍以上）下可以见到其表面有微细的

网状裂纹。

2. 八三玉的水头一般也比较好，即比较通透，能达到半透明。但相比翡翠 A 货的光泽要暗淡和模糊。

3. 八三玉被强酸腐蚀后，内部结构要比翡翠 A 货均匀，但在放大镜下见不到硬玉特有的条柱状晶体结构（即所谓的"苍蝇翅"）。

4. 未处理过的八三玉的硬度和密度接近翡翠，但处理后的硬度和密度均低于翡翠，因此上手后的手感显得比较轻。

十、东陵玉

东陵玉，还有海洋石或东陵石等多种叫法。由于它具有砂金效应，所以又被称为砂金石。主要产地是印度，中国的新疆、云南等地。有一种绿色的东陵玉还被称为"印度翡翠"。它的主要矿物成分是二氧化硅，属于石英岩的一种。

东陵玉有多种颜色：绿、黄、粉、红、白、蓝等，绿色最为常见，其中，翠绿色的为上品。莫氏硬度为 5，密度为 $2.65-2.8g/cm^3$。微透明，有玻璃光泽。

按照不同颜色分为：绿色东陵玉、蓝色东陵玉、红色东陵玉和紫色东陵玉。

按照质量分为三级：

一级绿东陵玉：翠绿或浓绿色，油脂光泽强，半透明。质地致密、细腻、坚韧、光洁。无杂质、裂绺及其他缺陷。块重 6 千克以上。

二级绿东陵玉：翠绿色，油脂光泽强，微透明。质地致密、细腻、坚韧。有微量杂质或小杂斑，但无裂纹及其他缺陷。块重 6 千克以上。

三级绿东陵玉：绿色，油脂光泽较强，微透明。质地致密、坚韧。有少量杂质、裂绺等缺陷。块重 2 千克以上。

东陵玉是公历五月的生辰幸运石。

本章涉及主要玉石品种的矿物成分、主要产地一览表

品种	矿物成分	主要产地	备注
翡翠	绿辉石、钠铬辉石	缅甸	
和田玉	透闪石	新疆、青海、俄罗斯	
岫玉	蛇纹石、透闪石	辽宁	有多种矿物成分
独山玉	钙铝硅酸盐类矿物（蚀变辉长岩）	河南	又名：南阳玉
绿松石	含水的铜铝酸盐类矿物	湖北、中东、美国	
蓝田玉	蛇纹石、方解石	陕西	
南玉	蛇纹石、透闪石	广东	
黄龙玉	二氧化硅、白云母	云南	
八三玉	钠长石	缅甸	翡翠共生矿
东陵玉	二氧化硅（石英岩）	印度、中国	
阿富汗玉	方解石、白云石	阿富汗	
卡瓦石	蛇纹石	新疆	

第三章　常见宝石及其简介

第一节　贵重宝石

一、钻石

钻石的矿物名称叫金刚石，英文名称是 Diamond，它分为工业级和宝石级两类。工业级金刚石只是用作研磨材料（因为金刚石的硬度为 10），宝石级的金刚石经过琢磨后就是钻石。而且钻石是世界公认的所有宝石中排名第一的宝石。

它是在地球深部高压、高温条件下（压力在 4.5—6.0GPa，温度为 1100—1500℃）形成的一种由碳元素组成的单质晶体。它的相对硬度为 10，是目前已知最硬的矿物。密度为 $3.52g/cm^3$。它的热导率为 2300W/mK。它的折射率为 2.417。

钻石的计重单位采用"克拉"（Carat），1 克拉等于 0.2 克（200 毫克）。据传是早期的钻石商人在称量钻石的重量时使用一种稻子豆树（Carob）果实作为砝码，一粒这样的果实大约重 200 毫克。

钻石的化学性质很稳定，在常温下不容易溶于酸和碱，酸碱不会对其产生作用。这正是钻石被用来象征永恒的物理性能依据。2011 年，澳大利亚的研究人员通过实验发现，钻石并非像以前认识的恒久不变，在强紫外—C 线（即臭氧层过滤后的强紫外线）的照射下，钻石也会蒸发。当然，这种蒸发速度极慢。

中国有句古话"黄金有价玉无价"，是指黄金有评价标准，所以会有明确的价格，而玉石没有评价标准，所以无法给出一个明确的价格。钻石不是玉石，它有世界公认的评价标准，能给出明确的价格。所以这句话中没有说"钻石无价"。世界上评价钻石品质的主流标准就是通常所说的"4C 标准"：重量（Carat）、净度（Clarity）、色泽（Colour）和切工（Cut），这个标准是由 GIA（美国宝石学院）创立的。

世界上评价钻石的权威机构主要有：

IGI 认证：国际宝石学院（International Gemological Institute）；

GIA 认证：美国宝石学院（Gemological Institute of America）；

HRD 认证：比利时钻石高层议会（Diamond High Council-HRD）；

以及其他一些机构颁发的认证书：

中国 NJQSIC 证书、中国 NGTC 证书、中国 NGGC 证书、美国 GTC 证书、美国 GTA 证书、美国 EGL 证书、美国 GEMES 证书、日本 CGL 证书。

世界上有三十多个国家拥有钻石资源，年产量约为 1.5 亿克拉。主要的国家是澳大利亚、扎伊尔、博茨瓦纳、俄罗斯、南非、巴西等。我国也有多地拥有钻石资源，主要是山东、辽宁、湖南等地。1977 年 12 月 21 日在山东省临沭县常林村发现了一颗重达 158.786 克拉的大钻石，因此命名为"常林钻石"，现藏银行国库中。常林钻石呈八面体，质地洁净、透明，淡黄色。是中国现存的最大钻石。据说在该地曾经发现过一颗重达 281.25 克拉的大钻石，叫作"金鸡钻石"，但在第二次世界大战期间被日军掠夺走了，至今下落不明。

由于钻石昂贵，所以出现了许多冒充钻石的替代品。主要有玻璃、人造尖晶石、水晶和托帕石、人造蓝宝石、锆石、铌酸锂、钛酸锶、钇铝石榴石、立方氧化锆、莫桑石等。

其中最容易以假乱真的要数立方氧化锆。它的有些物理性能与钻石十分相近，是专门制造出来作为钻石代用品或冒充品的人造化合物，不是天然矿物。由于它在 20 世纪 70 年代中期的出现，其他冒充钻石的替代品基本上已经退出市场，只用来作为别的中低档宝石代用品了。立方氧化锆的折光率为 2.17，色散 0.06，与钻石很接近，又与钻石同属均质性。立方氧化锆的硬度高达 8.5，这使它琢磨成宝石后，可以镶嵌在首饰上长期佩戴，不会被划伤磨毛而失去光泽。立方氧化锆可以制出透明度极佳、完全无色的产品。所以将它琢磨后，外观与钻石非常相似。甚至一些有经验的宝石界人士也上过当。当然，立方氧化锆与钻石仍有不少差别：例如，硬度、比重等指标。现在，立方氧化锆的产量也与日俱增，仅美国的年产量已超过 l0 亿克拉（200 吨）。市场上经常有些所谓的"水钻"，实际上就是立方氧化锆，是假钻石。

按重量排序的世界十大钻石：

1. 库利南（Cullinan）：1905 年 1 月 21 日发现于南非普列米尔矿山。它纯净透明，带有淡蓝色色调，重 3106 克拉。

2. 布拉岗扎（Braganza）：1725 年发现，是巴西境内发现的最大的钻石，它近乎无色，仅带有极轻微的黄色，重量达 1680 克拉。

3. 一颗未予命名的大钻石：1919 年，在普列米尔矿山找到一颗重达 1500 克拉的钻石，颜色和库利南相似，有人认为它和库利南是同一个大晶体破裂而成的，故没有给这块钻石专门命名。

4. 尤里卡（Eureka）：1893 年，发现于南非奥兰治自由邦的贾格斯丰坦钻石矿。它光滑透明，呈蓝白色，光泽极佳。

5. 塞拉里昂之星（Star of Sierra Leone）：1972 年 2 月在杨格玛的钻石矿上被发现，重为 968.9 克拉，无色。

6. 科尔德曼·德迪奥斯：巴西在发现布拉岗扎之后发现，重 922.5 克拉。

7. 库稀努尔（Kohinur）：是世界上已知最古老的钻石。相传在 13 世纪时发现于印度著名的古钻石矿区——哥尔负达。原石重约 800 克拉。

8. 大莫卧儿（Great Mogul）：世界著名的古钻石之一。1630—1650 年发现于印度的可拉矿区，原石重 787.5 克拉。

9. 沃耶河（Weyie River）：1945 年发现于塞拉里昂沃耶河谷砂矿中。原石重 770 克拉，近于无色，品质极佳。

10. 金色纪念币（Golden Jubilee）：1986 年发现于南非的普列米尔矿山，呈深金褐色，原石重 755.5 克拉。

按知名度排序的世界十大钻石：

1. 伟大的非洲之星：1905 年在南非普列米尔矿发现了一颗重 3106 克拉的钻石原石，命名为"库利南"（该矿总经理的名字）。当时钻石界行家估价就高达 75 亿美元。由于"库利南"原石太大，被切割成四块，其中最大的一块就被命名为"非洲之星"。它纯净透明，带有淡蓝色调，是最佳品级的宝石金刚石，重量为 530.2 克拉，被镶嵌在英皇的权杖上，现在被珍藏在英国的白金汉宫。

2. 被诅咒的光明之山钻石：14 世纪发现于印度，据说原石重 800 克拉，但被初次琢磨成玫瑰形后，仅重 191 克拉。

3. 艾克沙修钻石：1893 年发现于南非，原石重 995.2 克拉。它的质量绝佳，为无色透明的净水钻，在日光下由于紫外线照射发出微弱的蓝色荧光，因此得到"高贵无比"的称号。

4. 大莫卧儿钻石：又称"光明之海钻石"。17世纪初发现于印度，原石重达787.5克拉。它是世界上最大的粉红色钻石。

5. 神像之眼钻石：又名"清澈之石"。1607年发现于印度，原石重11050克拉。颜色为自然界极其稀少的天蓝宝石颜色。

6. 摄政王钻石：1701年由一个奴隶发现于印度，原石重410克拉。它与这个奴隶的悲惨命运连在一起。

7. 邪恶的黑色奥尔洛夫钻石：17世纪发现于印度，重198.62克拉。呈淡青绿色，像半个鸽子蛋，一边有缺口。后来成为俄罗斯皇室专属的夜光钻石。据说它与印度教的诅咒有关（镶嵌在印度教神像"梵天"的眼睛上），它的持有者们，无一例外地选择了用跳楼自杀的方式来结束自己的生命。

8. 蓝色希望钻石：1642年发现于印度，重112克拉。起初被人镶在神像上，以求神灵保佑。但实际上每位拥有它的人，上至法国国王，下至黎民百姓都难以避免人财两空的厄运。所以无法说它带来的到底是希望还是厄运。

9. 仙希钻石：16世纪发现于印度，重55克拉。为浅黄色钻石，是被切割成拥有对称面的第一大钻石。它与法国皇帝和英国王室都有关联。

10. 泰勒·伯顿钻石：1966年发现于南非，原石重达240.8克拉。被切磨，修整为69.42克拉的梨形钻石。它原来的名字是"卡地亚"，后来被著名电影明星伊丽莎白·泰勒的丈夫买下后送给了她，所以改名为"泰勒·伯顿钻石"。最后，伊丽莎白·泰勒又以250万美元卖掉了它。

钻石的纯净、绚丽、耐久特性，象征着纯洁无瑕、忠诚不变的爱情信念。现在，中外人士用金属镶嵌的钻石戒指作为订婚、结婚的信物之一已成为一种流行文化。

二、红宝石

红宝石是指颜色呈红色的刚玉。英文名称为Ruby，源于拉丁文Ruber，意思是红色。它在有色宝石（红宝石、蓝宝石、祖母绿、碧玺、猫眼石等）之中排名首位，号称"宝石之王"。见图9-1。

它的主要成分是氧化铝（Al_2O_3），红色来自三价铬离子（Cr^{3+}），主要为三氧化二铬（Cr_2O_3），含量一般为 0.1%—3%，最高者达 4%。铬的含量越高颜色越鲜艳，血红色的红宝石的等级最高，俗称"鸽血红"。而没有铬的刚玉类宝石则是蓝宝石。

它的莫氏硬度为 9，与蓝宝石均为仅次于钻石的第二硬的物质。密度为 3.99—4.00g/cm³，折射率为 1.762—1.770，双折射率为 0.008—0.010。

天然红宝石的内部一般有很多的裂纹，即所谓红宝石的"十红九裂"。而且具有较明显的二色性，有时用肉眼从不同角度就能看出其颜色变化。（蓝宝石也具备这个特性。）

1. 一些著名的红宝石

（1）世界上堪称顶级无价巨宝的红宝石是一颗星光红宝石，原石重达 1700.01 克拉，这颗红宝石长 6.19 厘米、宽 4.32 厘米、高 6.48 厘米，是红宝石中的"巨无霸"。它产自缅甸抹谷，颜色鲜艳，自然形成山字形态，晶体完整，颗粒之大世界罕见。

（2）世界上最完美的一颗红宝石是来自斯里兰卡的重 138.7 克拉的"罗瑟里夫"星光红宝石。

（3）美国斯密逊博物馆（美国国家自然历史博物馆）藏有重 23.1 克拉的镶嵌在一个由碎钻点缀的白金戒指上的卡门·露西亚鸽血红宝石。这颗红宝石是全球最美丽的宝石之一，也是目前所知最大的优质刻面红宝石，原石产于缅甸。它见证了美国富翁皮特·巴克与他的妻子卡门·露西亚·巴克的爱情故事。

（4）1991 年，中国山东省昌乐县发现一颗红、蓝宝石连生体，重 67.5 克拉，被称为"鸳鸯宝石"，称得上是世界罕见的奇迹。

（5）20 世纪 80 年代初在重庆的矿中发现了多颗红宝石，最大的原石有 32.7 克拉。

2. 各地红宝石的特征

红宝石的主要产地基本上在亚洲（缅甸、泰国、斯里兰卡、越南、柬埔寨、中国）、非洲、大洋洲等。其中，缅甸曼德勒市东北部的莫谷地区是优质红宝石的主要产区，那里产的红宝石称为"莫谷宝石"。

这些产地的红宝石各有特点：

（1）缅甸：缅甸红宝石的主要产地是莫谷和孟素。

莫谷是世界上最精美的红宝石产地，那里产的红宝石主要是鲜艳的玫瑰红品种，红色最高的品种即世称的"鸽血红"，即红色纯正，且饱和度很高。各个刻面均呈鲜红色，熠熠生辉。有些红宝石会含有细小的金红石针雾，形成星光，颜色分布不均匀。

孟素是 20 世纪 90 年代发现的红宝石新产地，位于莫谷东南方向约200 千米。那里产的红宝石一般为紫红色至褐红色，档次相对较低。

（2）泰国：红宝石产地位于泰国东南部的占他武里。

泰国是红宝石的重要产出国和交易中心，据说，世界上近 70% 的高质量红宝石产自泰国（笔者注：缺乏数据支持）。泰国红宝石的 Fe 含量比较高，因此颜色较深，透明度较低，多呈暗红色—棕红色。

（3）斯里兰卡

斯里兰卡红宝石以透明度高、颜色柔和而闻名于世。而且颗粒较大，颜色变化较大，从浅红色到红色、粉红、棕红或褐红到樱桃红等。高档品为艳红色略带粉、黄色调，常称樱桃红或水红色。

（4）坦桑尼亚

坦桑尼亚红宝石所含的铁、Ti 较高，而铬较低，因此，常见的颜色有紫红色、橙红色，而且透明度较差。

（5）越南、柬埔寨

这两个国家产的红宝石基本属于同一类别。颜色有粉红、红色，而且大多带有紫色，鸽血红的品种极少见。

（6）中国：主要在云南、重庆、山东、安徽、青海等地。

相比而言，云南滇西哀牢山变质岩分布区的金云母大理岩中产的红宝石的品质比较好，颜色大多呈玫瑰红色和红色，浓艳、均匀。但是包裹体和杂质较多，因此绝大多数只能用作弧面宝石，难以加工成刻面形状的宝石。

3. 红宝石与其他相近矿物的区别

（1）与红色石榴石的区别

石榴石为均质体，无多色性，而红宝石多色性明显。紫外灯下，红宝石有红色荧光，而石榴石表现为惰性。放大检查时，石榴石内部较洁净，红宝石内气液包裹体和固态包裹体比较多。

（2）与红色尖晶石的区别

尖晶石为均质体，无多色性，折射率比红宝石低，放大检查时尖晶石具串珠状排列的八面体负晶。

（3）与红色电气石的区别

电气石即碧玺，它具有比红宝石更明显的多色性，刻面宝石在合适方向可见后刻面棱重影。

（4）与红柱石的区别

红柱石具有肉眼可见的多色性，颜色为褐黄绿、褐橙和褐红三种。短波紫外光下红柱石具有绿色、黄绿色荧光，而红宝石具有红色荧光，红宝石在红区有明显的 Cr 吸收线。

4. **红宝石与红色玻璃的区别**

红色玻璃为人工烧结而得，乃均质体，无多色性。放大检查红色玻璃内可见气泡、旋涡纹等现象，硬度低、密度小、比重轻。

5. **红宝石分级的指标**

红宝石的分级标准主要是依据 1T 和 4C。

"T"即透明度（Transparency），"4C"即颜色（Colour）、净度（Clarity）、切工（Cut）、重量（Carat）。

颜色：是指宝石在自然光下所呈现的色彩。

净度：是指宝石中内含物的多少。

切工：是指加工时切磨的定向、类型、比例、对称、抛光程度等指标。

重量：是指宝石的重量。

6. **常见的红宝石冒充品**

（1）红色尖晶石：在自然界常被人们误认为是红宝石的红色尖晶石。

（2）红色石榴石：红色石榴石也被用来冒充红宝石。例如，在我国江苏东海被人称为"苏陵红宝石""海莲红宝石"的，以及在国外被称为"亚利桑那红宝石""波西米亚红宝石"的，实际上都是红色石榴石。

（3）红碧玺：所谓"西伯利亚红宝石"，实际上是红碧玺。

（4）红色托帕石：所谓的"巴西红宝石"，实际上是红色托帕石。

7. **红宝石的处理和人工合成**

（1）优化处理：现在市场上的红宝石，有 80%—90% 是经过不同程度的人工优化处理的。红宝石常见的处理方法有：

① 热处理：这是最普遍采用的处理方法。把红宝石加热到一定温度，既能改善红宝石的颜色、提高其透明度，还能消除红宝石内部的一些色带和杂质，并弥合裂隙。这样能提高红宝石品质的档次。由于热处理是一种纯物理学的方法，没有使用化学材料，因此，其在珠宝界得到了认同，在出售时无需特别声明。即使被识别出来，也不会被认为是欺诈行为。

② 染色：采用化学处理的手段，将化学试剂中的氧化铬注入刚玉的晶格中去，达到改善红宝石颜色的目的。染色处理宝石属于造假，将其出售则属于欺诈。

③ 扩散处理：通过高温、油浸的方法在宝石表面扩散一薄层颜色，颜色的厚度仅为 0.15—0.42 mm。这样处理过的红宝石在业内被视作造假。最初这种方法用于蓝宝石，后来也被用于红宝石。

（2）人工合成：合成红宝石最难识别。由法国化学家威纽易发明的一种叫威纽易炉的装置将二氧化铝粉末合成而得。现在这种人造红宝石（Synthetic Ruby）已被广泛用来冒充天然红宝石。见图 9-2。

2014 年，笔者在柬埔寨金边的中央市场见到一颗人工合成红宝石（约 12 克拉），非常纯净、通透。笔者有怀疑，就想刻意找出它内部有没有包裹体或裂隙，却就是找不到。笔者当时想：就算买了一颗人造的，也算是增加一个样本。于是花了 30 美元买下来。回国后经过检测，确认是人造的。

8. 红宝石和蓝宝石的星光效应

红宝石和蓝宝石中都有一种特殊品种："星光红宝石"和"星光蓝宝石"。它们都能在研磨成的弧形表面上呈现星光效应。所谓"星光效应"（Asterism）是指在光线照射下，宝石的表面呈现三条米字形的亮线，构成一个"米"字，就像耀眼的星光。它不同于只有一条亮线的"猫眼效应"。见图 9-3、图 9-5。

形成星光效应的原因是由于宝石的晶格结构的特殊性所致。本书不作介绍。

缅甸莫谷是世界上所有红宝石产地（缅甸、斯里兰卡、泰国、澳大利亚、中国）中唯一有星光红宝石的地区。

红宝石红艳似火，象征着仁爱、尊严、热情。炙热的红色使人们把它和热情、爱情联系在一起，被誉为"爱情之石"。在《圣经》中，红宝石被视作最珍贵的宝石。大部分红宝石的颜色都是淡红色，有粉红的感觉，最具价值的是颜色最浓、被称为"鸽血红"的宝石。国际宝石市场上把鲜红色的红宝石称为"男性红宝石"，把淡红色的宝石称为"女性红宝石"。男人拥有红宝石，就能掌握梦寐以求的权力；女人拥有红宝石，就能得到永世不变的爱情。由于红宝石弥漫着一股强烈的生气和浓艳的色彩，以前的人们认为它是不死鸟的化身，对其产生了热烈的幻想。

国际宝石界将红宝石确定为七月的诞生石。

三、蓝宝石

蓝宝石英文名称为 Sapphire，源于拉丁文 Spphins，意思是蓝色。它和红宝石互为姐妹宝石，它们在矿物学上都属于刚玉类矿物，它们的硬度仅次于钻石，基本化学成分都为氧化铝。在刚玉类矿物中，只有半透明或透明且色彩鲜艳的刚玉才能被称作宝石。含有三价铬离子（Cr^{3+}）的刚玉呈红色调，故被称为红宝石；含有了微量的钛元素（Ti^{4+}）和铁元素（Fe^{2+}）的刚玉呈蓝色调，故被称为蓝宝石。见图9-4。

蓝宝石的莫氏硬度为9，密度为 3.95—4.1g/cm^3，折射率为 1.76—1.77，双折射率为 0.008，透明至半透明，具有玻璃光泽，且具有很强的二色性。

在宝石界，除了红色的刚玉称为红宝石，其余色调的刚玉统称为蓝宝石。所以，蓝宝石并不是限于蓝色系列的色调，还有黄色、粉红色、橙橘色及紫色等多种色调，它们统称为彩色蓝宝石。

在红宝石一节中已经介绍红宝石和蓝宝石都有独特的"星光效应"，所以蓝宝石家族中也有一种星光蓝宝石。见图9-5。

蓝宝石的产地主要在印度克什米尔、缅甸莫谷、斯里兰卡、泰国、越南、柬埔寨、澳大利亚和中国。各个产地所产的蓝宝石各有特点，本书不做详述，只单独介绍中国山东省昌乐的蓝宝石。

昌乐蓝宝石的质量在中国产的蓝宝石中属于上乘。晶体呈六方桶状，粒径较大，一般在1cm以上，最大的可达数千克拉。由于它的含铁量高，多呈近于炭黑色的靛蓝色、蓝色、绿色和黄色。宝石中包裹体和缺陷较少。没有星光效应。它的缺点在于蓝色偏深，不够鲜艳明亮。

笔者 1993 年收到了一批昌乐蓝宝石（将近 600 克），其中有些蓝宝石的颗粒比较大。有两颗很特别：

一颗是蓝宝石标本，它包裹在它的矿体"碱性橄榄玄武岩"之中，大部分已外露，时间一长，它脱离了矿体，笔者称重后发现，它重达 28.6 克（143 克拉）。可惜的是，它内部的裂痕很多，无法加工，只能作为标本。

另一颗是红、蓝宝石共生的宝石，它的形状非常特殊，是一块较大的蓝宝石中间有一颗红宝石，比较透亮。好似蓝宝石中间有一束火焰。类似于 1991 年在昌乐发现的那颗红、蓝宝石共生的宝石，它重 67.5 克拉，被称为"鸳鸯宝石"。笔者的这颗比它小，只有 15 克拉。

这两颗蓝宝石已经成了笔者收藏品中的珍品。

世界上几颗著名的蓝宝石介绍：

2013 年在斯里兰卡发现了一颗蓝宝石原石，重 162.5 克拉，经过设计打磨后重 67.98 克拉。它是一颗星光蓝宝石，被命名为"紫蓝之星"。在日光下呈靛蓝色，没有瑕疵，星光完美，非常明亮。而且这是一颗"变色星光蓝宝石"，该宝石在白色光源下呈蓝色，在黄色光源下呈紫色，在紫外灯光下呈红色。宝石界研究发现，用紫外灯光鉴别变色宝石非常有效。

1905 年，在南非发现了一颗震惊世界的 3106 克拉白宝石（由于它属于刚玉，所以也是广义的蓝宝石）。1907 年，这颗白宝石被呈献给了英王爱德华七世，用作王冠和权杖上的珠宝。

1935 年，在澳大利亚昆士兰发现了一颗蓝宝石原石，重 2303 克拉。

1948 年，在澳大利亚昆士兰又发现了一颗重 733 克拉的黑星光蓝宝石，它是目前为止世界上最大的颗粒星光蓝宝石。

蓝宝石的处理一般采用高温方法。经过高温处理，原来的蓝宝石色调会发生变化，例如，颜色比较深的澳大利亚蓝宝石的蓝色会变浅，斯里兰卡的白刚玉则会变成蓝色，有些浅黄色的蓝宝石会变成较深的黄色。现在市场上许多蓝宝石就是经过了高温褪色处理。但高温处理后会使宝石变得脆弱，可能导致宝石内部出现裂痕。这种方法只是物理方法，没有添加化学原料，因此在业内认可，但一般应该加以说明。

笔者在 1993 年买到的那批昌乐蓝宝石也是蓝色太深，曾打算高温处理，但笔者毕竟不是专业人士，没有相应的设备和试验条件。为此到广州的地球化学研究所去请教，也没有解决。又有人建议试用低温冷冻法处理，事实证明，这种方法行不通，无法把蓝色变浅。

蓝宝石的仿冒品主要有：天然尖晶石、人造尖晶石、坦桑尼亚石（黝帘石）、蓝碧玺、海蓝宝石、蓝色锆石、人工合成蓝宝石（见图9-6）、蓝玻璃等。至于如何鉴别，不是本书的主题，有兴趣的读者可以查阅专业书籍和资料。

蓝宝石的蓝色比海蓝宝石的蓝色要浓，显得沉稳而庄重，象征着慈爱、诚实。星光蓝宝石称为"命运之石"，能保佑佩戴者平安，并让人交好运。蓝宝石属高档宝石，是五大宝石之一，位于钻石、红宝石之后，排名第三。

国际宝石界将蓝宝石确定为九月的诞生石。

四、祖母绿

祖母绿与钻石、红蓝宝石并称为四大名贵宝石。祖母绿被称为"绿宝石之王"，它的英文名称为Emerald，源自波斯语Zumurud（绿宝石）。它是宝石级的绿色绿柱石。其绿色要达到中等以上浓艳的绿色调，才能称为祖母绿。而浅绿色的只被称为绿色绿柱石。见图9-7。

祖母绿是一种含铍铝的硅酸盐，其分子式为$Be_3Al_2[Si_6O_{18}]$。因含微量的Cr_2O_3（0.15%—0.6%），呈现出晶莹艳美的绿色。莫氏硬度为7.5—8，密度为2.67—2.78g/cm³，折射率为1.56—1.60，双折射率为0.004—0.010，有玻璃光泽。具有弱二色性，从不同方向仔细观察，会呈翠绿色—蓝绿色或黄绿色。

在查尔斯滤色镜下，有些祖母绿会呈现暗红色（乃铬离子所致），其他绿色代用品则大多呈现暗绿色。但这个方法并不适用于所有的祖母绿品种，某些非洲产的祖母绿，在滤色镜下不呈红色，反而是有些人造祖母绿却会呈现强烈的红色。

祖母绿的主要产地有哥伦比亚、俄罗斯、巴西、印度、南非、赞比亚、津巴布韦等国。目前国际市场上最常见的祖母绿主要来自哥伦比亚、巴西和赞比亚。其中，哥伦比亚是全世界公认的优质祖母绿产地。我国仅在云南省发现了一些类似祖母绿的矿石晶体，但档次不够宝石级。

品相好的祖母绿在国际市场上的价格很高。巴西曾经发现了一块名为"巴伊亚"的祖母绿矿石，重达380余千克，其中含有的祖母绿宝石约18

万克拉，价值 4 亿美元。2005 年，巴伊亚祖母绿流落到美国。直到 2015 年年初，巴西还在向美国追索这颗世界上最大的祖母绿。

现在市场上有不少冒充祖母绿的品种，主要有萤石、绿碧玺、绿色玻璃和人造祖母绿。鉴别的方法本书不作介绍。有兴趣的读者可以查阅相关的专业书籍和资料。

祖母绿自古就是珍贵宝石之一。相传 6000 年前，古巴比伦就有人将之献于女神像前。在波斯湾的古迦勒底国，女人特别喜爱祖母绿饰品。几千年前的古埃及和古希腊人也喜用祖母绿做首饰。中国人对祖母绿也十分喜爱。明、清两代帝王尤喜祖母绿。明朝皇帝把它视为同金绿猫眼一样珍贵，有"礼冠需猫睛、祖母绿"之说。明万历帝的玉带上镶有一特大祖母绿，现藏于明十三陵定陵博物馆。慈禧太后死后所盖的金丝锦被上除镶有大量珍珠和其他宝石外，也有两块各重约 5 钱的祖母绿。许多世纪之前，印度的神圣经文——《吠陀经》中描述了绿宝石具有的特殊功能："祖母绿可给予佩戴者好运。"

世界上最大的祖母绿之一"Mogul Emerald"，发现于 1695 年，重达 217.80 克拉，约 10 厘米高。一边刻着祈祷文，另一边则雕刻着壮丽的花卉图饰。这个传奇的祖母绿在 2001 年 9 月 28 日的伦敦佳士得拍卖会上拍卖出 2.2 亿美元的惊人价格。

国际宝石界将祖母绿确定为五月的诞生石。

第二节　半宝石

国际上把所有的宝石分为贵重宝石和半宝石两大类。贵重宝石就是第一节中介绍的钻石、红宝石、蓝宝石和祖母绿四种，其余的宝石都被归入半宝石。

贵重宝石和半宝石的主要区别是：

稀缺性：贵重宝石在自然界的蕴藏量很少，因此，产量很低。半宝石的蕴藏量和产量相对而言比较多。

粒度：贵重宝石的粒度一般都比较小，所以在交易称重时都以克拉计算。半宝石的块度相对而言比较大，交易时都以克计算，或者直接以颗数计算。例如，巴西曾发现了一块有史以来最大的海蓝宝石，长 19 英寸，宽 16 英寸，重达 243 磅，内蓝外绿，清澈透明。它在 20 世纪初的价格就已经达到 10 万马克。

一、海蓝宝石

海蓝宝石在矿物分类上与祖母绿都属于绿柱石家族。它的英文名称是 Aquamarine。莫氏硬度为 7.5（仅次于钻石和红蓝宝石，与祖母绿相当），相对密度为 2.68—2.80，折射率为 1.567—1.590，双折射率为 0.005—0.007。有玻璃光泽，透明或半透明，呈无色、天蓝色、蓝绿色等。见图 10-1。

海蓝宝石与祖母绿的矿物名称都是绿柱石，但由于各自所含的微量元素不同，所以呈现不同的颜色。它也具有弱二色性。

二、猫眼石

猫眼石是一种具有猫眼效应的金绿宝石，属于金绿宝石族矿物。英文名称是 Cat's Eye。所谓"猫眼效应"是指它的弧形表面对光的反射如同猫的眼睛一样，能够随着光线的强弱而变化。猫的眼睛在强光下会眯成一条缝，猫眼石也具有这个特性。普通的猫眼石叫作"东方猫眼石"，在斯里兰卡还有一种"亚历山大猫眼石"，也叫"变石猫眼"。它是金绿宝石含有微量的铬元素而形成的一个变种。极其稀有，价格比普通猫眼石贵许多。有人将它与钻石、红宝石、蓝宝石和祖母绿并称为五大珍贵宝石。

由于猫眼石属于金绿宝石家族，所以在市场上，也称为"金绿猫眼石"。

猫眼石的莫氏硬度高达 8—8.5，高于祖母绿。它的密度为 3.71—3.75 g/cm^3，折射率为 1.746—1.755，双折射率为 0.008—0.010 。二色性明显。具有玻璃或油脂光泽，透明至半透明。

猫眼石的颜色很丰富：如蜜黄、褐黄、酒黄、棕黄、黄绿、黄褐、灰绿色等，其中以蜜黄色最为名贵。1993 年，笔者见过一位新疆做珠宝生意的朋友，他有一颗据说是来自俄罗斯的褐黄色的金绿猫眼石（记得是 12 克拉左右）。一年后再遇到他，问起那颗猫眼石，他说由于出现资金困难，所以以十多万元的价格卖出去了。可见金绿猫眼石的价格在当时已经很高了。

　　判断猫眼石的价值除了颜色、净度、透明度、粒度等指标外，还专门有一个"眼线"的指标，即在宝石弧形表面上的光线中间的那条细线是否很细和很明亮。

　　猫眼效应并不是猫眼石独有的光学现象，许多天然矿物也能产生猫眼效应，例如，碧玺、绿柱石、磷灰石、石英、蓝晶石等，但是都不如金绿宝石家族中的金绿猫眼石珍贵。

三、碧玺

　　宝石的名称大多与它的材质或特点有关，例如金刚石（钻石）、红宝石、猫眼石等。唯有碧玺的名称很特殊，从名字上看不出它的材质和特点。据说，清代开始使用"碧玺"这个词语，当时还有"碧霞希""玺灵石"等的称谓。现在则已经统一使用"碧玺"这个名称。

　　在矿物学中，碧玺又称为电气石。这是因为，18世纪的一位瑞典科学家发现它在摩擦后具有压电性和热电性。它是由硼硅酸盐等多种矿物构成的一种结晶体，含有铝、铁、镁、钠、锂、钾等元素。正是由于这些元素，碧玺才会呈现出多种颜色。

　　碧玺的英语名称是Tourmaline。莫氏硬度为7—8，密度为$3.06g/cm^3$，折射率为1.624—1.644，双折射率为0.018—0.040，具有玻璃光泽。

　　碧玺所含的元素不同，会呈现不同的颜色，主要有：

　　蓝色碧玺（Indicolite）：呈浅蓝色至深蓝色等不同蓝色。主产区在巴西、美国、马达加斯加。

　　红色碧玺（Rubellite）：呈粉红色至红色等不同红色。主产区在巴西、中国、斯里兰卡等地。

　　棕色碧玺（Dravite）：主色调为颜色较深的棕色。主产区在斯里兰卡、巴西、美国、澳大利亚等地。

　　绿色碧玺（Green Tourmaline）：呈绿色或黄色。主产区在巴西、坦桑尼亚和纳米比亚等地。

　　无色碧玺（Achroite）：无色碧玺十分稀有，仅产自马达加斯加和美国加利福尼亚等地。

　　多色碧玺：是碧玺家族中最常见的品种，产地也很多，例如中国云南省西部怒江峡谷福贡县。它的特点是在一块碧玺上呈现红色、绿色或更多颜色。其中有一种红绿相间的碧玺，被称为"西瓜碧玺"（Watermelon Tourmaline）。

四、玉髓

玉髓又名"石髓"，其实是一种石英，SiO_2 的隐晶质体的统称，它是石英的变种。它具有蜡质光泽，莫氏硬度为 6.5—7。玉髓形成于低温和低压条件下，出现在喷出岩的空洞、热液脉、温泉沉积物、碎屑沉积物及风化壳中。有的玉髓结核内会含有水和气泡，非常有趣。它的物理性质与石英一样。玉髓被人们当作宝石，主要用作首饰和工艺美术品的材料。玉髓与人们熟知的玛瑙是同种矿物。有条带状构造的隐晶质石英就是玛瑙，没有条带状构造、颜色均一的隐晶质石英就是玉髓。

玉髓常见的颜色以透明、半透明和白色为主，颜色鲜亮（红、绿、蓝、紫、黄、黑），且质地通透的品种比较少见。这些彩色的玉髓主要有红玉髓、绿玉髓、蓝玉髓、血玉髓、黄玉髓、黑玉髓等品种。

自古至今，中土佛教、藏传佛教以及印度佛教都认为玉髓具有魔力。在古埃及，人们认为将红玉髓与绿松石和天青石摆放在一起，可以增强自己的法力。这种认知一直传承到当代。

在古罗马，蓝玉髓被供奉为祈雨之石，所以在各种祭天仪式中都会用到蓝玉髓。古罗马人还相信守护植物的月神狄安娜喜欢蓝玉髓，所以它能够消除旱灾。

在西方，对玉髓的认知还有很多中国文化中没有的概念。

经物理科学研究发现，红玉髓原子排列组合结构及振动频率可以增加人体磁场及心脏血液循环，促进新陈代谢，活化细胞组织，调理改善体质。

人们认为，绿玉髓的颜色象征着植物生机勃勃，能够给人带来希望。佩戴绿玉髓的饰物有助于缓解佩戴者的焦虑、愤怒、紧张情绪，而且还能增强佩戴者肝脏的解毒功能。

玉髓和玉石的区别：

在矿物学分类中，玉石只包括了翡翠、和田玉、岫玉、独山玉等少数几个品种。玉髓没有被归入玉石范畴，只被归入宝石一类。其中的重要原因之一是玉髓与玉石的成分不同。玉石的主要成分是辉石族钠铝硅酸盐矿物的纤维状集合体，以及少量的闪石类矿物及钠长石、铁铬等矿物。而玉髓的主要化学成分是二氧化硅（SiO_2），是隐晶质石英的集合体。因此，它们并不是同一类物质。

五、玛瑙

玛瑙的主要化学成分是二氧化硅（SiO_2），与玉髓相同，因此在矿物学上属于玉髓类矿物。它是一种混有蛋白石和隐晶质石英的纹带状块体。有多个英文名称：Agate、Carnelian、Onyx 等。莫氏硬度为 6.5—7.5，比重为 2.65，半透明或不透明，具有蜡样光泽。由于含有的元素不同，会呈现红、黄、蓝、褐、白、黑等多种颜色，而且色彩有层次感。

玉髓和玛瑙的区别：

虽然玉髓与玛瑙的主要化学成分都是石英（主要是二氧化硅），但是二者是有区别的。玉髓是隐晶质石英的集合体，所以更接近于水晶。而玛瑙是脱水二氧化硅的胶凝体。因此，玉髓的通透感（透明度）要比玛瑙高很多。

自古以来，玛瑙就是一种被人们喜爱的饰物和摆饰。古代的陪葬品中经常见到玛瑙制品（例如玛瑙球）。这是因为人们给玛瑙赋予了文化内涵，使之具有多种象征意义。尤其是玛瑙中有一个品种叫"图文象形玛瑙"，更是给了人们许多文化想象空间。

玛瑙的种类很多，主要有水胆玛瑙、象形图纹玛瑙（包括玛瑙天然图案、玛瑙画面石、象形切片、图纹玛瑙、水草玛瑙、海洋玛瑙、风景玛瑙、图案玛瑙、影子玛瑙等）、南红玛瑙、战国红玛瑙、红玛瑙、缠丝玛瑙、火玛瑙、戈壁玛瑙、葡萄玛瑙、缟素玛瑙等。本书的主题是讨论珠宝的文化内涵，不是一本矿物学范畴的专业著作。因此，只介绍几种常见的而且具有文化内涵的玛瑙。

1. 水胆玛瑙

所谓"水胆玛瑙"是指内部有封闭的空洞（"胆"），其中含有水或水溶液（"水"）的玛瑙。这里所说的"水胆"是天然形成的。摇晃水胆玛瑙时可以听到汩汩之声。水胆玛瑙以"胆"大、"水"多者为佳。如果色彩丰富鲜艳，则为上品，价格很高。透明度高且无裂纹和瑕疵的水胆玛瑙，是极好的玉雕材料。

笔者在 1993 年曾买到一块 800 多克、雕刻了鱼形图案的水胆玛瑙，"胆"比较大，"水"比较饱满，作为摆件不错。可惜的是灰色品种，不够鲜艳。

2. 南红玛瑙

近十年来，南红玛瑙相当走俏，它是我国独有的品种，产量稀少。但南红玛瑙自古就被重视，它古称"赤玉"，现在则简称为"南红"。它的颜色艳丽，质地细腻油润。在清朝乾隆年间就认为其主产地云南和甘肃南部已被开采殆尽，所以，南红玛瑙沉寂了数百年。但前些年在云南保山发现了南红的新矿坑，于是南红再次进入业内人士的视野，而且价格急剧上升。人们将过去老矿坑产的南红称为"老南红"，近年来发现的矿坑产的南红称为"新南红"。目前，南红玛瑙已经与和田玉、翡翠形成三足鼎立之势。

南红最主要的产地在云南省保山市的玛瑙山，其次是甘肃省迭部县和四川省凉山自治州美姑县。不同产地的南红各具特点：

保山南红

简称"保山红"，目前市场上的新南红原料大部分产自保山市的新矿坑，它的红色纯正，在南红中属于上品。南红中的精品"柿子红"主要产于该地。

甘肃南红

简称"甘南红"，是南红中质量最好的品种。甘南红颜色偏鲜亮，但色域较窄，主要是橘红色和大红色，也有少量偏深红的颜色。具有厚重感和浑厚感，相对类似于水彩颜料。

凉山南红

简称"凉山红"，相对而言，在南红中的档次较低。

古人用南红玛瑙入药，养心养血，信仰佛教者则认为它有特殊功效。藏传佛教七宝中的赤珠（真珠）指的就是南红玛瑙。

3. 缟玛瑙

缟玛瑙是玛瑙的品种之一，属于缟玛瑙类矿物。其内部往往混有蛋白石和隐晶质石英的纹带状块体。它的莫氏硬度为 7—7.5（在玛瑙家族中硬度最高），比重为 2.65。它的色彩具有层次感，半透明或不透明，带有蜡质光泽。多用来加工成饰物或把玩件，块度大的缟玛瑙会利用其透光性，用作室内装饰材料。

缟玛瑙的有些品种具有各自独特的名字，以区别于其他玛瑙。市场上常见的缟玛瑙主要有黑缟玛瑙（Onyx）和红缟玛瑙（Sardonyx）。玛瑙内部一般都含有纹带状纹理。它之所以被称为"缟玛瑙"，是因为它的纹带呈"缟"状。在缟玛瑙家族中，有红色纹带者最珍贵，被称为"红缟玛瑙"。于是业内有个说法："玛瑙无红一世穷。"当然这只是一种说法而已，不必当真。实际上，缟玛瑙中的黑缟玛瑙也是一个很好的品种，佩戴黑缟玛瑙的人士并不会因为"玛瑙无红"而一世受穷。笔者认为，更重要的是要把它与命理文化结合起来考虑。本书的后面将专门讨论这方面的内容。

笔者于2015年4月在柬埔寨暹粒省（吴哥窟所在地）的一家正规珠宝店看到了一串黑缟玛瑙的项链，经过砍价，买了一串。当天晚上，仔细查看后觉得物有所值，第二天又去买了一串，同去的朋友也买了一串。那天中午有位朋友从国内赶到，看了以后也要去买。到了那家珠宝店，没想到的是，店主说前面三串项链的价格卖得太低，一定要涨价50%。最终那位朋友没有买成。这次的经历说明黑缟玛瑙的稀缺性和价值所在。

从文化内涵的角度分析，黑色玛瑙（包括黑缟玛瑙和普通黑玛瑙）又叫长寿之石，它具有使人沉稳、安定，舒缓压力，增强胆色的能量，有助于辟邪、抵御咒语巫术等侵犯。黑玛瑙还有个别名叫黑力士。黑玛瑙的饰件（例如手链）适合佩戴于左手。

六、石榴石（紫牙乌）

石榴石是一种矿物，石榴石晶体与石榴籽的形状、颜色十分相似，故名"石榴石"。由于有些石榴石接近紫色，故又被称为"紫牙乌"。

它的英文名称是Garnet。与其他半宝石不同的是，石榴石是石榴石族的统称，包括镁铝石榴石、铁铝石榴石、钙铝石榴石、钙铁石榴石、锰铝石榴石、钙铬石榴石等。各个品种的石榴石由于所含的元素不同，颜色也各不相同。常见的石榴石颜色是红色、暗红色、紫红色、褐色。但是如果含有钙铝或钙铬元素，则会呈现绿色、黄绿色等色彩。

石榴石的硬度为6.5—7.5。半透明或透明，具有玻璃光泽。常见的石榴石是菱形十二面体、四角三八面体。有些石榴石的晶体结构比较特殊，会具有星光效应或猫眼效应。

德国是世界上石榴石的最大产地。中国的石榴石主要产于四川、新疆、内蒙古等地。其中，四川的石榴石以红色、暗红色为主，新疆阿勒泰地区则以翠绿色石榴石为主，但产量很少。

石榴石是一月的诞生石，是结婚两周年纪念日的宝石。

特别要注意的是，在宝石行业内，尤其是在中国，石榴石常常被用来冒充红宝石。

七、橄榄石

橄榄石（Olivine）属于硅酸盐类矿物，含有铁、镁、锰、镍等多种元素。它在西方还有一个别名：太阳宝石。在 3500 年前古埃及人就发现并开始利用橄榄石。

橄榄石的硬度为 6.5—7.0，半透明或透明，具有玻璃光泽。多呈浅绿色或黄绿色（橄榄绿）。

橄榄石在世界上分布很广，巴西、澳大利亚、北欧、埃及、东南亚、南亚等地均有橄榄石出产。其中巴西、澳大利亚等地所产的橄榄石品质为最佳。我国橄榄石主要产地是河北省的张家口地区。笔者 2015 年 4 月在柬埔寨暹粒省的一家珠宝公司见到了产于柬埔寨的超过十千克的大块橄榄石原石。

西方将橄榄石确定为八月的诞生石。

第三节　天然有机珠宝

一、珍珠

珍珠是一种古老的有机宝石。主要产在珍珠贝类和珠母贝类软体动物体内；由内分泌作用而生成的含碳酸钙的矿物（文石）珠粒，是由大量微小的文石晶体集合而成的。它的无机成分主要是碳酸钙、碳酸镁，占 91%以上，其次为氧化硅、磷酸钙、氧化铝及氧化铁等。它的有机物成分主要是门冬氨酸、苏氨酸、丝氨酸、谷氨酸、甘氨酸、丙氨酸、胱氨酸、缬氨酸、蛋氨酸、异亮氨酸、亮氨酸、酪氨酸、苯丙氨酸、组氨酸、精氨酸、脯氨酸等 16 种氨基酸，以及牛磺酸、维生素、肽类等多种微量元素。

地质学和考古学的研究证明，在两亿年前，地球上就有了珍珠。

珠的莫氏硬度为 2.5—4.5，密度为 2.66—2.78g/cm³，折射率为 1.530—1.686，双折射率为 0.156。透明至半透明，非均质体，无色散现象。颜色有白色、粉红色、淡黄色、淡绿色、淡蓝色、褐色、淡紫色、黑色等，以白色为主。具典型的珍珠光泽，光泽柔和且带有虹晕色彩。形状多种多样，有圆形、梨形、蛋形、泪滴形、纽扣形和任意形，其中以圆形为佳。

珍珠的分类

GB/T 16552、GB/T 16553 给出了天然珍珠（Pearl）、海水养殖珍珠（Seawater Cultured Pearl）、淡水养殖珍珠（Freshwater Cultured Pearl）、附壳养殖珍珠（Hankei Pearl）的定义。分为：

1. 天然珍珠

天然贝、蚌类体内形成的珍珠，包括：

天然海水珠：咸水珠，是海洋贝体内产出的珍珠；

天然淡水珠：是淡水中蚌类体内产出的珍珠。

2. 养殖珍珠

用人工培育的方法，在贝、蚌类体内形成的珍珠，包括海水养殖珍珠和淡水养殖珍珠两种。

3. 人工仿制珍珠

是用塑料、玻璃、贝壳等小球做核，外表镀上一层"珍珠精液"而制得的。

天然珍珠与养殖珍珠的外观、形状很相似，但养殖珍珠的表面光泽较弱，断面中央有圆形的砂粒或石决明碎粒，表面有一薄的珍珠层。

珍珠文化

珍珠是受到东西方人们喜爱的一种天然珠宝。它象征着富有、美满、幸福和高贵。封建社会权贵用珍珠代表地位、权力、金钱和尊贵的身份，平民以珍珠象征幸福、平安和吉祥。

中国是世界上名副其实的珍珠古国。《尚书·禹贡》载"淮夷宾珠"，说明中国在 4000 年前的夏禹时代就开始采珠了。在《周易》《诗经》等古籍中均有关于珍珠的记载。《格致镜原·装台记》中记载了周文王用珍珠装饰发髻的史实。因此，一般认为我国珍珠饰用始于东周。自秦汉以后珍珠饰用日渐普遍。珍珠已成为朝廷达官贵人的奢侈品，皇帝已开始接受献珠，东汉桂阳太守文砻向汉顺帝"献珠求媚"，西汉的皇族诸侯也广泛使用珍珠，珍珠成为尊贵的象征。

在西方文艺复兴时期，名画《维纳斯的诞生》惟妙惟肖地描绘了珍珠形成的神话故事：维纳斯女神随着一扇徐徐张开的巨贝慢慢浮出海面，身上流下无数水滴，水滴顷刻变成粒粒洁白的珍珠，栩栩如生，给人们以美的感受。

珍珠具有典雅、高贵、明丽的特点，象征着健康、福贵、长寿。因此有人将它比作珠宝皇后。

国际宝石界将珍珠定为六月的诞生石。此外，它还是结婚十三周年和三十周年的纪念石。

在中国，珍珠不仅是一种首饰，还是一味很好的药材。中医认为，珍珠粉具有镇心安神、养阴熄风、清热坠痰、去翳明目、解毒生肌、缓解失眠心烦等多种功效，还能美容驻颜，淡化雀斑、黄褐斑。

俗语说："无瑕不成珠。"这是由于产生珍珠的蚌（贝）是活体生物，在它生成珍珠的长期过程中，它自身的健康状况以及外界环境的影响，必然会产生沟纹、裂纹、凹凸、斑点、气泡、凹坑、黑点、缺口等瑕疵。因此，完美无瑕的珍珠极其罕见，很难发现。

过去有"东珠不如西珠，西珠不如南珠"的说法。时至今日，这个说法已经备受质疑，本书不做讨论。

二、珊瑚

珊瑚是珊瑚虫分泌物形成的骨骼（外壳），而珊瑚礁则是由珊瑚大量堆积形成的礁石。例如澳大利亚的大堡礁就是著名的珊瑚礁。它主要分布在温度高于20℃的赤道及其附近的热带、亚热带地区，水深100—200米的岩礁、平台、斜坡、崖面和凹缝等部位。

珊瑚由无机质和有机质两部分组成。其中的无机质主要是：碳酸钙、碳酸镁等，它们表现为微晶方解石的集合体。其中的有机质主要是角质类物质。

珊瑚的形态一般呈树枝状，上面有纵条纹，每个单体珊瑚横断面有同心圆状和放射状条纹。它的莫氏硬度为3.5—4。密度：钙质型珊瑚为2.65—

$2.70g/cm^3$，角质型珊瑚为 $1.30—1.50g/cm^3$。例如，红珊瑚、白珊瑚和蓝珊瑚属于钙质型珊瑚；黑珊瑚和金珊瑚属于角质型珊瑚。折射率为1.48—1.66。具有玻璃或蜡质光泽，无荧光现象，不透明至半透明。珊瑚有一个特点：无论哪一种珊瑚，遇盐酸后都会强烈起泡。

珊瑚颜色鲜艳美丽，有多种颜色，既可以用作装饰品还可以用作药材。主要的品种有红珊瑚、白珊瑚、蓝珊瑚和黑珊瑚。比较稀有的是蓝珊瑚、紫珊瑚和金珊瑚。

红珊瑚文化在中国以及印度、印第安民族传统文化中都有悠久的历史，印第安土著民族和中国藏族等游牧民族对红珊瑚更是喜爱有加，甚至把红珊瑚作为护身和祈祷上天保佑的寄托物。古罗马人认为珊瑚具有防止灾祸、给人智慧、止血和驱热等功能，西方人把珊瑚与珍珠和琥珀并列为三大有机宝石。

国际珠宝界将珊瑚定为三月的诞生石。

三、砗磲

"砗磲"之名始于汉代，因其外壳表面有一道道呈放射状的沟槽，形状像古代的车辙，故称"车渠"。后人因其坚硬如石，在车渠旁加石字，即为"砗磲"。

砗磲是分布于印度洋和西太平洋的一类大型贝壳类生物，是贝壳类生物中最大的一种。据报道，世界上的砗磲有9种，都生活在热带海域的珊瑚礁环境中。我国的台湾、海南、西沙群岛及其他南海岛屿也有这类动物分布。其中的大砗磲和大熊猫、金丝猴一样属于国家一级保护动物。砗磲作为稀有海洋生物被列入《濒危野生动植物种国际公约》（CITES）附录二的物种中。

据2003年出版的《中国海洋贝类图鉴》，在我国分布的有：大砗磲、无鳞砗磲、鳞砗磲、长砗磲、番红砗磲和砗蚝6种，其中有5种的壳长达50厘米。大砗磲是最大的一种双壳贝类，有记录的最大个体壳长达1.3米，体重500千克，年龄在60岁以上。

砗磲的化学成分：含碳酸钙为86.65%—92.57%，壳角蛋白为5.22%—11.21%，水为0.69%—0.97%。另外含微量元素和十多种氨基酸。莫氏硬度一般为3.5—4.5，随年龄增长逐渐变硬，牙白与棕黄相间的品种的硬度可达 5。密度为 2.70g/cm³。具有美丽的珍珠光泽，有晕彩和丝光，且质地光洁而细腻。有白色、牙白色与棕黄色相间两个品种，其中以牙白与棕黄相间呈太极形的品种为上品。其特色是带有耀眼的金丝亮丝和绿色化石肠管。

砗磲白皙如玉，是稀有的有机宝石，也是佛教圣物。在西方，砗磲和珊瑚、珍珠、琥珀并列为四大有机珠宝。砗磲在我国古代已被视为一种宝物，汉朝伏胜所著的《尚书·大传》当中，便记载了一则故事，周文王被商纣王因于羑里，散宜生用砗磲大贝敬献纣王，赎回文王。在藏传佛教中，砗磲是七宝之一，高僧喇嘛把砗磲串成念珠加以诵念。清朝二品官上朝时所挂的朝珠是用砗磲珠子串成的。

《本草纲目》中记载，砗磲有镇心安神、凉血降压的功效，长期佩戴对人体有益，可增强免疫力，防止老化，稳定心律，改善失眠，特别是对咽喉肿痛、小孩生疮更有疗效。砗磲可护身健体，延年益寿。

四、琥珀

琥珀是远古松科松属植物的树脂埋藏于地层，经过漫长岁月的演变而形成的化石。琥珀的形状多种多样，表面常保留着当初树脂流动时产生的纹路，内部经常可见到气泡、古老昆虫或植物碎屑。

琥珀这个名字的来源有多种说法，一种说法认为是来自阿拉伯文 Anbar，意思是"胶"。中国古代将它称为琥珀，是认为它象征着老虎的魂魄，"虎魄"即"琥珀"。

琥珀多呈不规则的粒状、块状、钟乳状及散粒状。有时内部包含着植物或昆虫的化石。颜色为黄色、棕黄色及红黄色、条痕白色或淡黄色。具松脂光泽。透明至不透明。在断口处会有贝壳状纹路。质地比较脆。莫氏硬度为 2—3，一般为 2.5。比重为 1.05—1.09，因此可以在饱和的食盐溶液中上浮。折射率为 1.54。在长波紫外线下发蓝色及浅黄、浅绿色荧光。它的化学成分主要是碳氢化合物（$C_{10}H_{16}O$）。含树脂和挥发油以及琥珀氧松香酸（Succoxyabietic Acid）、琥珀松香酸（Succinoabietinolic Acid）、琥珀银松酸（Succinosilvic Acid）、琥珀脂醇（Succinoresinol）、琥珀松香醇（Succinoabietol）、琥珀酸（Succinic Acid）等物质。

如果用丝绸摩擦琥珀，会使之带有少量的电荷，可以吸住纸屑等细小物体（这正是鉴定琥珀的技巧）。有些琥珀带有香味（称为"香珀"）。琥珀很娇气，怕火、怕汽油、怕敲击、怕暴晒。

琥珀根据颜色划分，常见的种类很多：

老蜜：指传世年代久远的不透明琥珀，红橙色。

蜜蜡：半透明至不透明，可以呈各种颜色，以金黄色、棕黄色、蛋黄色等黄色为最普遍，有蜡状感，光泽有蜡状——树脂光泽，也有呈玻璃光泽的。蜜蜡与琥珀属于同一类物质，它是指不透明的琥珀，民间所说的"千年琥珀，万年蜜蜡"是错误的。

血珀：指血红色的琥珀。颜色如同高级红葡萄酒。

骨珀：指白色的琥珀。

金珀：指金黄色透明的琥珀。内部带有所谓"太阳光芒"的金珀为最佳。

金绞蜜珀：指透明的金珀和半透明的蜜蜡互相纠缠在一起的琥珀。

香珀：指具有香味的琥珀。

虫珀：指包有动植物遗体的琥珀。

石珀：指有一定石化程度的琥珀，硬度比其他的大。

花珀：多种颜色相间、颜色不均匀的琥珀。

蓝珀：体色为淡黄色，对着阳光的表面呈蓝色的琥珀。主要产于多米尼加共和国。

蓝绿珀：墨西哥出产的，颜色为绿偏蓝。

黄蜜：黄色的蜜蜡。

半蜜半珀：又叫珍珠蜜或鸡蛋蜜，是指透明的琥珀包裹着不透明的蜜蜡。

白蜜：白色的蜜蜡。

水胆珀：琥珀中空，内部含有水滴的琥珀。是稀有的琥珀，非常珍贵。

翳珀：用肉眼垂直平视呈现黑色，在光线照射下则呈现红亮光点的琥珀。

石珀：黄色透明，石化程度较高、硬度较大的琥珀。

业内也根据产地划分琥珀的种类，主要有：波罗的海琥珀（主产区是波罗的海沿岸国家，如乌克兰、俄罗斯、丹麦、波兰、立陶宛、德国等）、墨西哥琥珀、巴西琥珀、缅甸琥珀、多米尼加琥珀、抚顺琥珀。

最名贵的琥珀是透明度较高并带有昆虫的，依昆虫的清晰度、形态和大小而有档次区别，金黄色、黄红色的琥珀是上品。档次最好的可被列为宝石。有昆虫的琥珀用于制作戒面石和胸坠，价值很高。而裂纹较多，质地较松软，颜色暗淡，或颜色与一般石色相仿的琥珀，没有使用价值。

琥珀的鉴别方法

鉴别琥珀的标准是其质地坚密、无裂纹和颜色漂亮。

1. 琥珀是有机宝石，质地比较轻，触摸时不是冰凉的，而是温暖的。这是它与玻璃的主要区别。

2. 天然琥珀在清水中下沉，在浓盐水中浮起。

3. 天然琥珀是由树脂形成的，因此，当它被摩擦、受热或燃烧的时候，会发出一种怡人的树脂气味。

4. 刮擦天然琥珀的表面会产生细小的粉末，而刮擦塑料类的仿制品时，表面会呈螺旋状刮痕。刮擦人造树脂块时，虽然也会产生粉末，但天然琥珀更容易产生。

5. 市场上有些人用柯巴树脂仿冒琥珀。对此可以用乙醚进行测试，天然琥珀对乙醚的反应很弱，而由柯巴树脂制成的仿冒琥珀则反应比较明显。或者用热针头接触柯巴树脂，它会熔化，粘在针上形成长"线"。天然琥珀则没有这种现象。

与天然红宝石和蓝宝石一样，业内对琥珀也有所谓的"优化处理"。主要有三种："净化工艺""烤色工艺"和"爆花工艺"。

净化工艺是为了净化琥珀。在惰性气体环境中，通过一定的温度和压力排出琥珀内部的气泡，使之更加纯净透明。

烤色工艺是为了获得琥珀中的名贵品种：血珀。在一定的温度和压力下，使得琥珀表面的有机成分被氧化后，产生红色的氧化层。

爆花工艺是为了获得内部含有"太阳光芒"包裹体的金珀。它的处理过程与净化工艺有些类似。但增加了一道工序：让琥珀的内压大于外压，使得琥珀内部的气泡膨胀爆裂，产生盘状裂隙，从而产生新的包裹体，形成所谓的"太阳光芒"。

第四章 珠宝的文化内涵

第一节　东西方关于珠宝的文化差异

众所周知，东西方的文化各有特点和内涵。虽然东西方文化有交融的部分，但同时存在着鲜明的差异。这种差异必然影响东西方人们对于珠宝的喜好和选择。

在西方，以宝石中最为昂贵的钻石为例。除了钻石本身价值不菲之外，西方人赋予其"永恒"。"A diamond is forever."是 20 世纪经典的广告语。它是纽约爱尔广告公司（NW Ayer）1948 年为国际钻石推广中心（DTC）创作的，1993 年，国际钻石推广中心通过香港的奥美广告公司，征集"A diamond is forever."的中文翻译，一名香港人将其翻译为"钻石恒久远，一颗永流传"。这位香港人到底是谁，说法不一，有一种说法是出自香港演艺圈的知名人士黄霑。他还有一个著名的广告词设计，为法国的"人头马"白兰地酒设计了"人头马一开，好事自然来"。

现在，"钻石象征永恒"的理念也已经被中国人接受，这是东西方文化相互交融的一个例证。但是，中国人给珠宝赋予的文化内涵与西方相比要丰富和深刻得多，二者不可同日而语。

以中国人心目中最典型的珠宝——玉石为例。中国传统文化中将玉和人性联系在一起，这是其他民族的文化中所没有的。

古人认为，玉不只是一块美丽的石头，而是有德和内涵的，称为"玉德"。孔子说："君子比德于玉。"东汉许慎的《说文解字》说："玉，石之美者有五德。润泽以温，仁之方也；䚡理自外，可以知中，义之方也；其声舒扬，专以远闻，智之方也；不挠而折，勇之方也；锐廉而不忮，洁之方也。"他将玉比拟人性中的五德：仁、义、智、勇、洁。反之，又用这五种德比拟了玉的外观、结构、光泽、物理性质和机械强度五个特性。于是，玉成了君子的化身，是纯洁之物，还成了中国传统美德的代名词。

五德与玉的性质的对应关系如下：

仁："润泽以温，仁之方也。"是指玉石的材质温润细腻，有光泽。佩戴了玉石，如同有一个具有仁爱之心、生性温和的君子时刻陪在你的左右，用仁爱感染着你。

义："鰓理自外，可以知中，义之方也。"从外表就能看到玉的里面是否有杂质，这是玉的忠义，也是古时君子必备的一种品德。俗话说得好："画龙画虎难画骨，知人知面不知心。""义"字看似简单，真正想要做到，却实在不容易。

智："其声舒扬，专以远闻，智之方也。"敲击玉石，会发出悦耳动听的声音，并且能传到很远的地方，说明玉是有智慧的，并且善于传达给周围的人。这是君子志在四方的表现。

勇："不挠而折，勇之方也。"不屈不挠，宁为玉碎，不为瓦全！玉的这一特点，代表着君子超人的勇气！

洁："锐廉而不忮，洁之方也。"当玉断裂的时候边缘会有很锋利的断口，但是我们用手来触摸的时候并不会伤害到我们，这点与其他任何物质都不同，表明了君子洁身自好的特点。

又如，在西方有"诞生石"之说，将公历的十二个月分别与某种宝石（有的月份对应的不止一种）对应起来，于是，每个月出生的人就有了对应的"诞生石"。这种说法源自古代印度文明和巴比伦文明，当时的人们认为有些宝石具有神奇的能力。于是，后来的占星家把某种颜色的宝石配合黄道十二宫来促进该星座的人的运气。

1 月的诞生石：石榴石；

2 月的诞生石：紫水晶；

3 月的诞生石：海蓝宝石、珊瑚；

4 月的诞生石：钻石；

5 月的诞生石：祖母绿；

6 月的诞生石：珍珠、月光石；

7 月的诞生石：红宝石；

8 月的诞生石：玛瑙、橄榄石；

9 月的诞生石：蓝宝石；

10 月的诞生石：蛋白石、碧玺；

11 月的诞生石：巴西黄玉（托帕石 Topaz）；

12 月的诞生石：绿松石、坦桑石、青金石。

由于产地不同，每种宝石的颜色不尽相同，而诞生石的依据就是颜色，所以有些月份的诞生石不止一种。

　　西方人欣赏和重视的是宝石，因此，在十二个月的诞生石之中没有玉石。但是，中国传统文化中的命理学和风水学给玉赋予了更加丰富的内涵。例如，根据命理学的规则，我们可以明白男性和女性适合佩戴什么样的珠宝，以及在不同的年份适合佩戴什么样的珠宝等。本书接下来专门讨论这方面的内容。但是，根据五行学说和各种颜色的五行属性，本书不局限于讨论玉石类的珠宝的文化内涵，还包括了各种宝石和天然有机珠宝的中国文化内涵。

第二节　命理学和五行学说的基本概念

　　本书的主题不是讨论命理学，因此，不详细介绍命理学中的知识。只介绍与珠宝有关的一些基本概念。有关命理学的详细知识，读者可以看笔者的另一本书《命理天机》，或者其他命理学的书籍。

　　每个人按照出生年份都有一个生肖属相，每个属相都对应了一个五行属性。五行属性之间具有相生、相冲、相害的关系。于是每一种生肖的挂件或手把件就有了适合与不适合某种属相之人佩戴或把玩之说。玉石也有多种颜色，每一种颜色都具有其五行属性，于是某一种颜色的挂件或手把件就有了适合与不适合某种属相之人佩戴或把玩之说。

　　其他珠宝类书籍中没有介绍这方面的内容，其他命理学的书籍中也没有系统讨论这方面的内容。这些内容是笔者多年来研究命理、珠宝的一些心得。笔者认为，在都是以易经为理论基础、以五行学说为载体的传统文化不同领域之中，有些知识和规则完全可以综合起来思考。这样会使得我们的视野更加开阔。希望这些内容对读者有所帮助。

一、十天干及其五行属性
十天干以及它们的五行属性请见下表。

十天干及其五行属性表

十天干	甲	乙	丙	丁	戊	己	庚	辛	壬	癸
五行属性	阳木	阴木	阳火	阴火	阳土	阴土	阳金	阴金	阳水	阴水

十天干之间的相生关系：

甲木生丁火，乙木生丙火，

丙火生己土，丁火生戊土，

戊土生辛金，己土生庚金，

庚金生癸水，辛金生壬水，

壬水生乙木，癸水生甲木。

十天干之间的相克关系：

甲木克戊土，乙木克己土，

丙火克庚金，丁火克辛金，

戊土克壬水，己土克癸水，

庚金克甲木，辛金克乙木，

壬水克丙火，癸水克丁火。

二、十二地支及其五行属性

十二地支以及它们的五行属性请见下表。

十二地支及其五行属性表

十二地支	子	丑	寅	卯	辰	巳	午	未	申	酉	戌	亥
五行属性	阳水	阴土	阳木	阴木	阳土	阴火	阳火	阴土	阳金	阴金	阳土	阴水

十二地支之间的相生关系：

亥子水生寅卯木，

寅卯木生巳午火，

巳午火生辰戌丑未土，

辰戌丑未土生申酉金，

申酉金生亥子水。

十二地支之间的相克关系：

亥子水克巳午火，

巳午火克申酉金，

申酉金克寅卯木，

寅卯木克辰戌丑未土，

辰戌丑未土克亥子水。

三、十二地支与生肖

十二生肖与十二地支的对应关系请见下表。

十二生肖与十二地支对应表

十二地支	子	丑	寅	卯	辰	巳	午	未	申	酉	戌	亥
十二生肖	鼠	牛	虎	兔	龙	蛇	马	羊	猴	鸡	狗	猪

四、五行属性

五行属性的金、木、水、火、土之间的相生相克关系如下：

相生关系：金生水、水生木、木生火、火生土、土生金。

相克关系：金克木、木克土、土克水、水克火、火克金。

五、颜色的五行属性

各种颜色对应的五行属性请见下表。

各种颜色对应的五行属性表

五行属性 颜色	金	木	水	火	土
	白色、金色、 杏黄色	青色、绿色	黑色、蓝色	红色、紫色	黄色、棕色、 褐黄色

根据表中的内容，可以推断各种颜色之间的相生相克关系。

六、各种相生相克关系汇总

下表的内容是以一个人的生肖属相为主线条，归纳起来的各种相生相克关系。掌握了这些内容，读者完全可以自行推断出在哪一个年份适合或不适合佩戴或把玩什么品种和造型的珠宝饰品。

生肖属相相生相克关系汇总表

十二生肖	与之相冲的生肖	生助它的生肖	它去生助的生肖	与之相克的颜色	生助它的颜色	它去生助的颜色
鼠	马	猴、鸡	虎、兔	黄色、棕色、 褐黄色	白色、金色、 杏黄色	青色、 绿色

续表

十二生肖	与之相冲的生肖	生助它的生肖	它去生助的生肖	与之相克的颜色	生助它的颜色	它去生助的颜色
牛	羊	蛇、马	猴、鸡	青色、绿色	红色、紫色	白色、金色、杏黄色
虎	猴	鼠、猪	蛇、马	白色、金色、杏黄色	黑色、蓝色	红色、紫色
兔	鸡	鼠、猪	马、蛇	白色、金色、杏黄色	黑色、蓝色	红色、紫色
龙	狗	蛇、马	猴、鸡	青色、绿色	红色、紫色	白色、金色、杏黄色
蛇	猪	虎、兔	牛、龙、羊、狗	黑色、蓝色	青色、绿色	黄色、棕色、褐黄色
马	鼠	虎、兔	牛、龙、羊、狗	黑色、蓝色	青色、绿色	黄色、棕色、褐黄色
羊	牛	蛇、马	猴、鸡	青色、绿色	红色、紫色	白色、金色、杏黄色
猴	虎	牛、龙、羊、狗	鼠、猪	红色、紫色	白色、金色、杏黄色	黑色、蓝色
鸡	兔	牛、龙、羊、狗	鼠、猪	红色、紫色	白色、金色、杏黄色	黑色、蓝色
狗	龙	蛇、马	猴、鸡	青色、绿色	红色、紫色	白色、金色、杏黄色
猪	蛇	猴、鸡	虎、兔	黄色、棕色、褐黄色	白色、金色、杏黄色	青色、绿色

注：

（1）十二地支之间的相克关系，在十二生肖中反映为相冲关系。

（2）表中"它去生助的生肖"是指，它需要去帮助对方，对主人而言乃损耗之患。

（3）表中"它去生助的颜色"是指，主人去生助那种颜色，也是损耗之患。

第三节　太岁及其五行属性

在命理学中，每年有一个当值的太岁，也就是该年的地支。而每个地支又与一个生肖相对应。于是通常将每年对应的生肖作为那一年的太岁。由于每个地支具有各自对应的五行属性，而每个人的生肖也是有五行属性的，因此相互之间就形成了六合、三合、六冲（相生相克）等关系。

将这个理论延伸到珠宝领域，就可以知道某种颜色或造型的珠宝制成品也会与一个人的生肖之间有形成六合、三合、六冲（相生相克）等关系。具体的对应关系请见下表。

生肖与颜色、生肖之间的相生相克关系表

每年生肖对应的太岁	与之六冲的生肖和相克的颜色	与之六合的生肖和有助的颜色	与之三合的生肖	它去帮助的生肖
鼠（属水）	马，黄色、棕色、褐黄色	牛，白色、金色	猴、龙	虎、兔
牛（属土）	羊，青色、绿色	鼠，红色、紫色	蛇、鸡	猴、鸡
虎（属木）	猴，白色、金色、杏黄色	猪，黑色、蓝色	马、狗	蛇、马
兔（属木）	鸡，白色、金色、杏黄色	狗，黑色、蓝色	猪、羊	蛇、马
龙（属土）	狗，青色、绿色	鸡，红色、紫色	猴、鼠	猴、鸡
蛇（属火）	猪，黑色、蓝色	猴，青色、绿色	鸡、牛	牛、龙、羊、狗
马（属火）	鼠，黑色、蓝色	羊，青色、绿色	虎、狗	牛、龙、羊、狗
羊（属土）	牛，青色、绿色	马，红色、紫色	猪、羊	猴、鸡
猴（属金）	虎，红色、紫色	蛇，黄色、棕色、褐黄色	鼠、龙	鼠、猪
鸡（属金）	兔，红色、紫色	龙，黄色、棕色、褐黄色	蛇、牛	鼠、猪
狗（属土）	龙，青色、绿色	兔，红色、紫色	虎、马	猴、鸡
猪（属水）	蛇，黄色、棕色、褐黄色	虎，白色、金色	兔、羊	虎、兔

注：
（1）确定两种生肖之间六合关系的依据是十二地支的六合关系。

（2）所谓生助的颜色的依据是五行属性中的相生关系。这种相生关系与六合关系属
于不同的关系。

（3）确定三种生肖之间三合关系的依据是十二地支的三合关系。

（4）某种生肖去帮助另一种生肖，对于它而言，属于损耗之患，不吉。

第四节　佩戴珠宝饰品的宜忌

根据前面介绍的知识，就可以归纳出一个人佩戴珠宝饰品的宜忌规则。

一、生肖、佛和观音的宜忌规则

1. 生肖属鼠之人

生肖属鼠之人佩戴珠宝饰品宜忌规则表

年份	适宜的珠宝造型		不宜的珠宝造型	适宜的珠宝颜色	不宜的珠宝颜色
	男	女			
鼠	观音、平安扣	佛、平安扣	马、羊、狗	黑、白、蓝、金、杏黄	黄、棕、褐黄
牛	观音、平安扣	佛、平安扣	马、羊、狗	黑、白、蓝、金、杏黄	黄、棕、褐黄
虎	观音、平安扣	佛、平安扣	马、羊、狗	黑、白、蓝、金、杏黄	黄、棕、褐黄
兔	观音、平安扣	佛、平安扣	马、羊、狗	黑、白、蓝、金、杏黄	黄、棕、褐黄
龙	观音、平安扣	佛、平安扣	马、羊、狗	黑、白、蓝、金、杏黄	黄、棕、褐黄
蛇	观音、平安扣	佛、平安扣	马、羊、狗	黑、白、蓝、金、杏黄	黄、棕、褐黄
马	观音、鼠、平安扣	佛、鼠、平安扣	马、羊、狗	黑、白、蓝、金、杏黄	黄、棕、褐黄
羊	观音、平安扣	佛、平安扣	马、羊、狗	黑、白、蓝、金、杏黄	黄、棕、褐黄
猴	观音、平安扣	佛、平安扣	马、羊、狗	黑、白、蓝、金、杏黄	黄、棕、褐黄
鸡	观音、平安扣	佛、平安扣	马、羊、狗	黑、白、蓝、金、杏黄	黄、棕、褐黄

年份	适宜的珠宝造型		不宜的珠宝造型	适宜的珠宝颜色	不宜的珠宝颜色
	男	女			
狗	观音、平安扣	佛、平安扣	马、羊、狗	黑、白、蓝、金、杏黄	黄、棕、褐黄
猪	观音、平安扣	佛、平安扣	马、羊、狗	黑、白、蓝、金、杏黄	黄、棕、褐黄

2. 生肖属牛之人

生肖属牛之人佩戴珠宝饰品宜忌规则表

年份	适宜的珠宝造型		不宜的珠宝造型	适宜的珠宝颜色	不宜的珠宝颜色
	男	女			
鼠	观音、平安扣	佛、平安扣	羊、虎、兔	红、紫、黄、棕、褐黄	青、翠
牛	观音、平安扣	佛、平安扣	羊、虎、兔	红、紫、黄、棕、褐黄	青、翠
虎	观音、平安扣	佛、平安扣	羊、虎、兔	红、紫、黄、棕、褐黄	青、翠
兔	观音、平安扣	佛、平安扣	羊、虎、兔	红、紫、黄、棕、褐黄	青、翠
龙	观音、平安扣	佛、平安扣	羊、虎、兔	红、紫、黄、棕、褐黄	青、翠
蛇	观音、平安扣	佛、平安扣	羊、虎、兔	红、紫、黄、棕、褐黄	青、翠
马	观音、平安扣	佛、平安扣	羊、虎、兔	红、紫、黄、棕、褐黄	青、翠
羊	观音、牛、平安扣	佛、牛、平安扣	羊、虎、兔	红、紫、黄、棕、褐黄	青、翠
猴	观音、平安扣	佛、平安扣	羊、虎、兔	红、紫、黄、棕、褐黄	青、翠
鸡	观音、平安扣	佛、平安扣	羊、虎、兔	红、紫、黄、棕、褐黄	青、翠
狗	观音、平安扣	佛、平安扣	羊、虎、兔	红、紫、黄、棕、褐黄	青、翠

续表

年份	适宜的珠宝造型		不宜的珠宝造型	适宜的珠宝颜色	不宜的珠宝颜色
	男	女			
猪	观音、平安扣	佛、平安扣	羊、虎、兔	红、紫、黄、棕、褐黄	青、翠

3. 生肖属虎之人

生肖属虎之人佩戴珠宝饰品宜忌规则表

年份	适宜的珠宝造型		不宜的珠宝造型	适宜的珠宝颜色	不宜的珠宝颜色
	男	女			
鼠	观音、平安扣	佛、平安扣	猴、鸡	黑、蓝、青、翠	白、金、杏黄
牛	观音、平安扣	佛、平安扣	猴、鸡	黑、蓝、青、翠	白、金、杏黄
虎	观音、平安扣	佛、平安扣	猴、鸡	黑、蓝、青、翠	白、金、杏黄
兔	观音、平安扣	佛、平安扣	猴、鸡	黑、蓝、青、翠	白、金、杏黄
龙	观音、平安扣	佛、平安扣	猴、鸡	黑、蓝、青、翠	白、金、杏黄
蛇	观音、平安扣	佛、平安扣	猴、鸡	黑、蓝、青、翠	白、金、杏黄
马	观音、平安扣	佛、平安扣	猴、鸡	黑、蓝、青、翠	白、金、杏黄
羊	观音、平安扣	佛、平安扣	猴、鸡	黑、蓝、青、翠	白、金、杏黄
猴	观音、虎、平安扣	佛、虎、平安扣	猴、鸡	黑、蓝、青、翠	白、金、杏黄
鸡	观音、平安扣	佛、平安扣	猴、鸡	黑、蓝、青、翠	白、金、杏黄
狗	观音、平安扣	佛、平安扣	猴、鸡	黑、蓝、青、翠	白、金、杏黄
猪	观音、平安扣	佛、平安扣	猴、鸡	黑、蓝、青、翠	白、金、杏黄

4. 生肖属兔之人

生肖属兔之人佩戴珠宝饰品宜忌规则表

年份	适宜的珠宝造型		不宜的珠宝造型	适宜的珠宝颜色	不宜的珠宝颜色
	男	女			
鼠	观音、平安扣	佛、平安扣	猴、鸡	黑、蓝、青、翠	白、金、杏黄
牛	观音、平安扣	佛、平安扣	猴、鸡	黑、蓝、青、翠	白、金、杏黄
虎	观音、平安扣	佛、平安扣	猴、鸡	黑、蓝、青、翠	白、金、杏黄
兔	观音、平安扣	佛、平安扣	猴、鸡	黑、蓝、青、翠	白、金、杏黄
龙	观音、平安扣	佛、平安扣	猴、鸡	黑、蓝、青、翠	白、金、杏黄
蛇	观音、平安扣	佛、平安扣	猴、鸡	黑、蓝、青、翠	白、金、杏黄
马	观音、平安扣	佛、平安扣	猴、鸡	黑、蓝、青、翠	白、金、杏黄
羊	观音、平安扣	佛、平安扣	猴、鸡	黑、蓝、青、翠	白、金、杏黄
猴	观音、平安扣	佛、平安扣	猴、鸡	黑、蓝、青、翠	白、金、杏黄
鸡	观音、兔、平安扣	佛、兔、平安扣	猴、鸡	黑、蓝、青、翠	白、金、杏黄
狗	观音、平安扣	佛、平安扣	猴、鸡	黑、蓝、青、翠	白、金、杏黄
猪	观音、平安扣	佛、平安扣	猴、鸡	黑、蓝、青、翠	白、金、杏黄

5. 生肖属龙之人

生肖属龙之人佩戴珠宝饰品宜忌规则表

年份	适宜的珠宝造型		不宜的珠宝造型	适宜的珠宝颜色	不宜的珠宝颜色
	男	女			
鼠	观音、平安扣	佛、平安扣	虎、兔、狗	红、紫、黄、棕、褐黄	青、翠

续表

年份	适宜的珠宝造型		不宜的珠宝造型*	适宜的珠宝颜色	不宜的珠宝颜色
	男	女			
牛	观音、平安扣	佛、平安扣	虎、兔、狗	红、紫、黄、棕、褐黄	青、翠
虎	观音、平安扣	佛、平安扣	虎、兔、狗	红、紫、黄、棕、褐黄	青、翠
兔	观音、平安扣	佛、平安扣	虎、兔、狗	红、紫、黄、棕、褐黄	青、翠
龙	观音、平安扣	佛、平安扣	虎、兔、狗	红、紫、黄、棕、褐黄	青、翠
蛇	观音、平安扣	佛、平安扣	虎、兔、狗	红、紫、黄、棕、褐黄	青、翠
马	观音、平安扣	佛、平安扣	虎、兔、狗	红、紫、黄、棕、褐黄	青、翠
羊	观音、平安扣	佛、平安扣	虎、兔、狗	红、紫、黄、棕、褐黄	青、翠
猴	观音、平安扣	佛、平安扣	虎、兔、狗	红、紫、黄、棕、褐黄	青、翠
鸡	观音、平安扣	佛、平安扣	虎、兔、狗	红、紫、黄、棕、褐黄	青、翠
狗	观音、龙、平安扣	佛、龙、平安扣	虎、兔、狗	红、紫、黄、棕、褐黄	青、翠
猪	观音、平安扣	佛、平安扣	虎、兔、狗	红、紫、黄、棕、褐黄	青、翠

6. 生肖属蛇之人

生肖属蛇之人佩戴珠宝饰品宜忌规则表

年份	适宜的珠宝造型		不宜的珠宝造型	适宜的珠宝颜色	不宜的珠宝颜色
	男	女			
鼠	观音、平安扣	佛、平安扣	猪、鼠	青、翠、红、紫	黑、蓝
牛	观音、平安扣	佛、平安扣	猪、鼠	青、翠、红、紫	黑、蓝
虎	观音、平安扣	佛、平安扣	猪、鼠	青、翠、红、紫	黑、蓝

续表

年份	适宜的珠宝造型		不宜的珠宝造型	适宜的珠宝颜色	不宜的珠宝颜色
	男	女			
兔	观音、平安扣	佛、平安扣	猪、鼠	青、翠、红、紫	黑、蓝
龙	观音、平安扣	佛、平安扣	猪、鼠	青、翠、红、紫	黑、蓝
蛇	观音、平安扣	佛、平安扣	猪、鼠	青、翠、红、紫	黑、蓝
马	观音、平安扣	佛、平安扣	猪、鼠	青、翠、红、紫	黑、蓝
羊	观音、平安扣	佛、平安扣	猪、鼠	青、翠、红、紫	黑、蓝
猴	观音、平安扣	佛、平安扣	猪、鼠	青、翠、红、紫	黑、蓝
鸡	观音、平安扣	佛、平安扣	猪、鼠	青、翠、红、紫	黑、蓝
狗	观音、平安扣	佛、平安扣	猪、鼠	青、翠、红、紫	黑、蓝
猪	观音、蛇、平安扣	佛、蛇、平安扣	猪、鼠	青、翠、红、紫	黑、蓝

7. 生肖属马之人

生肖属马之人佩戴珠宝饰品宜忌规则表

年份	适宜的珠宝造型		不宜的珠宝造型	适宜的珠宝颜色	不宜的珠宝颜色
	男	女			
鼠	观音、马、平安扣	佛、马、平安扣	猪、鼠	青、翠、红、紫	黑、蓝
牛	观音、平安扣	佛、平安扣	猪、鼠	青、翠、红、紫	黑、蓝
虎	观音、平安扣	佛、平安扣	猪、鼠	青、翠、红、紫	黑、蓝
兔	观音、平安扣	佛、平安扣	猪、鼠	青、翠、红、紫	黑、蓝

续表

年份	适宜的珠宝造型		不宜的珠宝造型	适宜的珠宝颜色	不宜的珠宝颜色
	男	女			
龙	观音、平安扣	佛、平安扣	猪、鼠	青、翠、红、紫	黑、蓝
蛇	观音、平安扣	佛、平安扣	猪、鼠	青、翠、红、紫	黑、蓝
马	观音、平安扣	佛、平安扣	猪、鼠	青、翠、红、紫	黑、蓝
羊	观音、平安扣	佛、平安扣	猪、鼠	青、翠、红、紫	黑、蓝
猴	观音、平安扣	佛、平安扣	猪、鼠	青、翠、红、紫	黑、蓝
鸡	观音、平安扣	佛、平安扣	猪、鼠	青、翠、红、紫	黑、蓝
狗	观音、平安扣	佛、平安扣	猪、鼠	青、翠、红、紫	黑、蓝
猪	观音、平安扣	佛、平安扣	猪、鼠	青、翠、红、紫	黑、蓝

8. 生肖属羊之人

生肖属羊之人佩戴珠宝饰品宜忌规则表

年份	适宜的珠宝造型		不宜的珠宝造型	适宜的珠宝颜色	不宜的珠宝颜色
	男	女			
鼠	观音、平安扣	佛、平安扣	牛、虎、兔	红、紫、黄、棕、褐黄	青、翠
牛	观音、羊、平安扣	佛、羊、平安扣	牛、虎、兔	红、紫、黄、棕、褐黄	青、翠
虎	观音、平安扣	佛、平安扣	牛、虎、兔	红、紫、黄、棕、褐黄	青、翠
兔	观音、平安扣	佛、平安扣	牛、虎、兔	红、紫、黄、棕、褐黄	青、翠
龙	观音、平安扣	佛、平安扣	牛、虎、兔	红、紫、黄、棕、褐黄	青、翠

续表

年份	适宜的珠宝造型		不宜的珠宝造型	适宜的珠宝颜色	不宜的珠宝颜色
	男	女			
蛇	观音、平安扣	佛、平安扣	牛、虎、兔	红、紫、黄、棕、褐黄	青、翠
马	观音、平安扣	佛、平安扣	牛、虎、兔	红、紫、黄、棕、褐黄	青、翠
羊	观音、平安扣	佛、平安扣	牛、虎、兔	红、紫、黄、棕、褐黄	青、翠
猴	观音、平安扣	佛、平安扣	牛、虎、兔	红、紫、黄、棕、褐黄	青、翠
鸡	观音、平安扣	佛、平安扣	牛、虎、兔	红、紫、黄、棕、褐黄	青、翠
狗	观音、平安扣	佛、平安扣	牛、虎、兔	红、紫、黄、棕、褐黄	青、翠
猪	观音、平安扣	佛、平安扣	牛、虎、兔	红、紫、黄、棕、褐黄	青、翠

9. 生肖属猴之人

生肖属猴之人佩戴珠宝饰品宜忌规则表

年份	适宜的珠宝造型		不宜的珠宝造型	适宜的珠宝颜色	不宜的珠宝颜色
	男	女			
鼠	观音、平安扣	佛、平安扣	蛇、马	黄、棕、褐黄、白、金、杏黄	红、紫
牛	观音、平安扣	佛、平安扣	蛇、马	黄、棕、褐黄、白、金、杏黄	红、紫
虎	观音、猴、平安扣	佛、猴、平安扣	蛇、马	黄、棕、褐黄、白、金、杏黄	红、紫
兔	观音、平安扣	佛、平安扣	蛇、马	黄、棕、褐黄、白、金、杏黄	红、紫
龙	观音、平安扣	佛、平安扣	蛇、马	黄、棕、褐黄、白、金、杏黄	红、紫
蛇	观音、平安扣	佛、平安扣	蛇、马	黄、棕、褐黄、白、金、杏黄	红、紫
马	观音、平安扣	佛、平安扣	蛇、马	黄、棕、褐黄、白、金、杏黄	红、紫

年份	适宜的珠宝造型		不宜的珠宝造型	适宜的珠宝颜色	不宜的珠宝颜色
	男	女			
羊	观音、平安扣	佛、平安扣	蛇、马	黄、棕、褐黄、白、金、杏黄	红、紫
猴	观音、平安扣	佛、平安扣	蛇、马	黄、棕、褐黄、白、金、杏黄	红、紫
鸡	观音、平安扣	佛、平安扣	蛇、马	黄、棕、褐黄、白、金、杏黄	红、紫
狗	观音、平安扣	佛、平安扣	蛇、马	黄、棕、褐黄、白、金、杏黄	红、紫
猪	观音、平安扣	佛、平安扣	蛇、马	黄、棕、褐黄、白、金、杏黄	红、紫

10. 生肖属鸡之人

生肖属鸡之人佩戴珠宝饰品宜忌规则表

年份	适宜的珠宝造型		不宜的珠宝造型	适宜的珠宝颜色	不宜的珠宝颜色
	男	女			
鼠	观音、平安扣	佛、平安扣	蛇、马	黄、棕、褐黄、白、金、杏黄	红、紫
牛	观音、平安扣	佛、平安扣	蛇、马	黄、棕、褐黄、白、金、杏黄	红、紫
虎	观音、平安扣	佛、平安扣	蛇、马	黄、棕、褐黄、白、金、杏黄	红、紫
兔	观音、鸡、平安扣	佛、鸡、平安扣	蛇、马	黄、棕、褐黄、白、金、杏黄	红、紫
龙	观音、平安扣	佛、平安扣	蛇、马	黄、棕、褐黄、白、金、杏黄	红、紫
蛇	观音、平安扣	佛、平安扣	蛇、马	黄、棕、褐黄、白、金、杏黄	红、紫
马	观音、平安扣	佛、平安扣	蛇、马	黄、棕、褐黄、白、金、杏黄	红、紫
羊	观音、平安扣	佛、平安扣	蛇、马	黄、棕、褐黄、白、金、杏黄	红、紫
猴	观音、平安扣	佛、平安扣	蛇、马	黄、棕、褐黄、白、金、杏黄	红、紫

续表

年份	适宜的珠宝造型		不宜的珠宝造型	适宜的珠宝颜色	不宜的珠宝颜色
	男	女			
鸡	观音、平安扣	佛、平安扣	蛇、马	黄、棕、褐黄、白、金、杏黄	红、紫
狗	观音、平安扣	佛、平安扣	蛇、马	黄、棕、褐黄、白、金、杏黄	红、紫
猪	观音、平安扣	佛、平安扣	蛇、马	黄、棕、褐黄、白、金、杏黄	红、紫

11. 生肖属狗之人

生肖属狗之人佩戴珠宝饰品宜忌规则表

年份	适宜的珠宝造型		不宜的珠宝造型	适宜的珠宝颜色	不宜的珠宝颜色
	男	女			
鼠	观音、平安扣	佛、平安扣	龙、虎、兔	红、紫、黄、棕、褐黄	青、翠
牛	观音、平安扣	佛、平安扣	龙、虎、兔	红、紫、黄、棕、褐黄	青、翠
虎	观音、平安扣	佛、平安扣	龙、虎、兔	红、紫、黄、棕、褐黄	青、翠
兔	观音、平安扣	佛、平安扣	龙、虎、兔	红、紫、黄、棕、褐黄	青、翠
龙	观音、狗、平安扣	佛、狗、平安扣	龙、虎、兔	红、紫、黄、棕、褐黄	青、翠
蛇	观音、平安扣	佛、平安扣	龙、虎、兔	红、紫、黄、棕、褐黄	青、翠
马	观音、平安扣	佛、平安扣	龙、虎、兔	红、紫、黄、棕、褐黄	青、翠
羊	观音、平安扣	佛、平安扣	龙、虎、兔	红、紫、黄、棕、褐黄	青、翠
猴	观音、平安扣	佛、平安扣	龙、虎、兔	红、紫、黄、棕、褐黄	青、翠
鸡	观音、平安扣	佛、平安扣	龙、虎、兔	红、紫、黄、棕、褐黄	青、翠
狗	观音、平安扣	佛、平安扣	龙、虎、兔	红、紫、黄、棕、褐黄	青、翠

续表

年份	适宜的珠宝造型		不宜的珠宝造型	适宜的珠宝颜色	不宜的珠宝颜色
	男	女			
猪	观音、平安扣	佛、平安扣	龙、虎、兔	红、紫、黄、棕、褐黄	青、翠

12. 生肖属猪之人

生肖属猪之人佩戴珠宝饰品宜忌规则表

年份	适宜的珠宝造型		不宜的珠宝造型	适宜的珠宝颜色	不宜的珠宝颜色
	男	女			
鼠	观音、平安扣	佛、平安扣	蛇、牛、龙、羊、狗	黑、白、蓝、金、杏黄	黄、棕、褐黄
牛	观音、平安扣	佛、平安扣	蛇、牛、龙、羊、狗	黑、白、蓝、金、杏黄	黄、棕、褐黄
虎	观音、平安扣	佛、平安扣	蛇、牛、龙、羊、狗	黑、白、蓝、金、杏黄	黄、棕、褐黄
兔	观音、平安扣	佛、平安扣	蛇、牛、龙、羊、狗	黑、白、蓝、金、杏黄	黄、棕、褐黄
龙	观音、平安扣	佛、平安扣	蛇、牛、龙、羊、狗	黑、白、蓝、金、杏黄	黄、棕、褐黄
蛇	观音、猪、平安扣	佛、猪、平安扣	蛇、牛、龙、羊、狗	黑、白、蓝、金、杏黄	黄、棕、褐黄
马	观音、平安扣	佛、平安扣	蛇、牛、龙、羊、狗	黑、白、蓝、金、杏黄	黄、棕、褐黄
羊	观音、平安扣	佛、平安扣	蛇、牛、龙、羊、狗	黑、白、蓝、金、杏黄	黄、棕、褐黄
猴	观音、平安扣	佛、平安扣	蛇、牛、龙、羊、狗	黑、白、蓝、金、杏黄	黄、棕、褐黄
鸡	观音、平安扣	佛、平安扣	蛇、牛、龙、羊、狗	黑、白、蓝、金、杏黄	黄、棕、褐黄
狗	观音、平安扣	佛、平安扣	蛇、牛、龙、羊、狗	黑、白、蓝、金、杏黄	黄、棕、褐黄
猪	观音、平安扣	佛、平安扣	蛇、牛、龙、羊、狗	黑、白、蓝、金、杏黄	黄、棕、褐黄

13. "男戴观音女戴佛"之说的辨析

"男戴观音女戴佛"的说法在中国民间流传很广。如果佩戴宗教造型的饰品，男士一般都选择观音，女士一般都选择佛像。这成了一种习俗。至于为什么是这样的选择，很少有人加以推敲。这个说法出于何时，已经无法考证。笔者认为，应该是在明清时期。因为在那个时期，玉器已经从帝王或达官贵人走向了平民，于是民间开始对玉器有了各种说法。上面的这个说法是其中之一。

关于这个说法有多种解释，其中主要的解释之一是，自古以来有"男主外女主内"的习俗。男人外出行走社会，当官、赶考或经商等，出门在外需要平安，而观音是保平安的，所以男士需要佩戴观音。女士在家操持家务，一个家庭需要祥和、宽容，而弥勒佛"大肚能容难容之事"，于是女士适合佩戴佛像。

笔者对这个解释不表苟同。当今社会，男女平等，女士不只是家庭主妇，也外出工作，于是女士外出也需要保平安。因此，女士也可以佩戴观音。一个家庭的祥和，男士也有责任和义务，因此，男士也可以佩戴佛像。

至于其他解释，笔者认为更站不住脚，本书不作介绍。

在佛教界，有些人对此持有异议。著名的高僧印光大师就非常反对佩戴佛和观音造型的佩件。他的理由之一是："真正出家者，都没有佩戴佛菩萨形象的，正信《大藏经》也没有写可以随便佩戴佛菩萨形象的。"理由之二是：佩戴佛和观音的人们"不仅不带在衣服外，还紧贴皮肤，进厕所也不摘，洗澡也不摘，亵渎之罪绝非浅浅！"[①]藏传佛教中著名的甘南拉卜楞寺（格鲁派的六大寺庙之一）有一位大活佛并没有排斥给人们的佩件开光的做法，但他希望提供的是真正的开光仪式。关于这一点请见附录。

笔者不是佛教界人士，笔者的观点是，将佛或观音造型的佩件作为护身符未尝不可。可以让人得到心理上的慰藉。但确实要避免佩戴过程中对佛像和观音的亵渎和不敬的行为。

---

① 笔者注：按照印光大师的观点，有些寺庙中的和尚们提供给信男信女们的所谓开光的物件还有意义吗？

二、佩戴珠宝饰品的其他规则

上面的表中列出了一个人适合佩戴的珠宝饰品的造型。当然，在玉雕领域还有更多的造型。这是最具中国特色的珠宝文化的内容之一。第五节中列出了目前常见的珠宝饰品造型的内涵，主要是属于玉雕范畴的。此外，还包括其他材质的珠宝，同样可以雕刻成各种造型。在西方的宝石领域也有一些宝石的造型，但是它们的内涵与中国的内涵不可同日而语。

上面的表中也列出了适合不同人士的珠宝的颜色，这并不限于玉器饰品。各种宝石（甚至钻石）也具有各种艳丽的颜色。只要是颜色，就具有五行属性，因此，表中列举的适宜或不宜的颜色，不局限于玉石材质，也包括其他材质的珠宝饰品，诸如绿松石、琥珀、砗磲、珍珠、珊瑚、玛瑙、碧玺，等等。

第五节　珠宝设计的中国文化元素

玉文化是中国特有的一种文化现象。它将玉石的颜色、地、种、形状等元素与中国传统文化中的宗教、命理、风水、民俗等多种文化元素融合了起来，使之成为一道独特的、丰富多彩的中国文化风景线。自古以来，在玉石雕刻行业有句行话："玉必有工、工必有意、意必吉祥。"玉料有大有小，玉器的雕刻件根据玉料的大小分为：摆件、把玩件和挂件三类。大块的玉料一般都雕刻成大中型的摆件，稍小的玉料一般多雕刻成把玩件，再小的玉料基本上雕刻成挂件。余下的玉料，或者本来就很小的玉料，就加工成戒面和项链。此外，有些玉料根据它的大小和形状会加工成手镯。请注意：这里说的是加工，而不是雕刻，因为戒面、项链和手镯不需要过多雕刻。

因此，反映中国文化元素的题材主要体现在需要雕刻的摆件、把玩件和挂件之中。由于中国文化丰富的多样性，使得这样的题材有很多。主要可以归纳为以下四大类，而且每一种题材都有其寓意，这是中国特有的玉文化现象，是西方任何珠宝饰品无法比拟的。

例如，翡翠除了雕刻的造型有各种寓意，它的颜色也被国人赋予丰富的含义。在翡翠的各种颜色之中，毫无疑问以翠绿色的价值最高，并且它被赋予谐音"禄"，象征着财禄。白色则象征高寿，红翡的红色则象征福气，紫色象征高贵、喜庆。如果一块翡翠包含了绿、白、红三种颜色，则称之为"三彩"，象征着"福禄寿"俱全。业内也有人称之为"桃园三结义"。如果三色之外还有紫色，则称之为"福禄寿喜"。这样的品种价格很高。笔者 2014 年帮一个朋友选到一件"福禄寿"三色的双鱼挂件，那个店主是笔者的朋友，算是给了一个朋友价，但也高达一万五千元。

一、人物类题材及寓意

如来：如来佛，是万佛之祖，有通天彻地的本领。

达摩：达摩是中国禅宗的初祖。常见的是达摩渡江、达摩过海、达摩面壁等造型。由于达摩面壁九年修行，所以有"面壁九年成正果，风风火火渡江来"的说法，寓意为保佑主人修成正果，达到目的。

佛：最常见的是大肚弥勒佛造型。佛可保佑平安，寓意有福（佛）相伴，解脱烦恼。笑天下可笑之人，容天下难容之事。也有元宝佛尊、伏虎神佛等造型。还有布袋和尚或只是一个布袋的造型，寓意是代代平安、消灾解难。

观音：传说观音有三十三个化身，因此，玉雕的观音造型有慈悲观音、南海观音、东海观音、净瓶观音、诵经观音、滴水观音、送子观音等很多种。观音慈悲普度众生，是救苦救难的化身。因此，寓意是观音赐福、保佑平安吉祥。

钟馗：常见的造型是钟馗捉鬼，多以黑色为主（尤其是墨翠）。寓意是驱鬼辟邪。

财神：中国传统文化中的财神有文财神和武财神之说。其中武财神是指赵公明、柴荣和关羽，玉雕中常见的是关羽造型。寓意是招财进宝。

八仙：八仙是指张果老、吕洞宾、韩湘子、何仙姑、李铁拐、钟离、曹国舅、蓝采和。题材多为八仙过海各显其能或八仙庆寿等。有的是八仙中某一位，也有八位一起的。再给八仙配上他们的八种法器：葫芦、扇子、鱼鼓、花篮、阴阳板、横笛、荷花、宝剑。

罗汉：有十八罗汉、一百零八罗汉等造型，都是驱邪镇恶的护身神灵。

寿星：福禄寿三星之一，也就是传说中的南极仙翁。寓意是寿星高照和长寿。

刘海：依据"刘海戏金蟾"的传说。刘海每戏一次金蟾，金蟾就吐一个钱币，故有招财的说法。

天使：丘比特一箭钟情。（这是近些年来中国玉文化吸收西方文化的反映。）

二、动物类题材及寓意

龙：有飞龙、蟠龙、腾龙、龙凤共舞等多种造型。龙是祥瑞的化身，与凤一起寓意成双成对或龙凤呈祥。还有玉龙献瑞、平步青云或龙腾四海等造型。此外，在命理文化中，狗年是与龙六冲之年，因此，龙的雕件还有化解之功。

凤：有丹凤朝阳（图案中有太阳、梧桐等）、凤舞九天、凤凰于飞、凤凰穿牡丹以及龙凤共舞等多种造型。

羊：有单只羊、多只羊等造型。两只羊的造型寓意为洋洋得意，三只羊的造型寓意为三阳开泰。此外，在命理文化中，牛年是与羊六冲之年，因此，羊的雕件还有化解之功。

虎：有虎啸南山、猛虎下山、虎虎生威等造型。上山虎寓意仕途顺利，下山虎寓意求财成功。此外，在命理文化中，猴年是与虎六冲之年，因此，虎的雕件还有化解之功。

龟：常见的有单只龟、两只龟，或与鹤一起的造型。龟寓意平安、长寿以及富甲天下。图案中有鹤的寓意龟鹤同寿，如果是带角神龟，寓意长寿。

仙鹤：常见的有两只鹤、鹤与松树、鹤与鹿的造型。寓意延年益寿。鹤也有一品鸟之称，寓意一品当朝或高升一品，所以，如果是两只鹤的图案，寓意为赫赫有名。图案中有松树的寓意松鹤延年，图案中有鹿和梧桐的寓意鹤鹿同春。

喜鹊：常见的是两只喜鹊、喜鹊与梅花、喜鹊和獾、喜鹊和豹、喜鹊和莲的造型。如果是两只喜鹊，寓意双喜；图案中有獾的，寓意欢喜；图案中有豹子的，寓意报喜；图案中有莲的，寓意喜得连科。

蝙蝠：蝙蝠在玉雕挂件中很常见，造型有很多，主要取其与"福"谐音，寓意福到。如果是五只蝙蝠的图案，寓意为五福临门；图案中有铜钱的，寓意福在眼前；如果图案中有日出或海浪，寓意福如东海；图案中有竹子或猪，寓意为祝福。

獾：主要取其与"欢"谐音，多与姻缘、婚姻有关。如果是两只獾的图案，寓意为合欢。

蟾：是玉把玩件、挂件中很常见的图案，多为三脚蟾。最常见的是蟾口中衔铜钱的造型，寓意富贵有钱。如果图案中有桂花树，则寓意为蟾宫折桂。

狮子：狮子表示勇敢。有单只或两只的造型。若是两只狮子，寓意事事如意。若是一大一小狮子，寓意太师少师，意即位高权重。如果图案中有如意，寓意事事如意。

麒麟：麒麟是传说中的祥瑞兽，只在太平盛世出现。常见的造型有麒麟送子、麒麟送瑞或麒麟送福等。

鹿：取其与"禄"谐音，寓意为福禄。造型一般是鹿与蝙蝠，寓福禄之意。如果图案中有官人，寓意加官受禄。

鲤鱼：如果是鲤鱼跳龙门的图案，引申为鱼化龙之兆，寓意为中举、升官飞黄腾达、逆流而上。如果是一大一小两条龙或鲤鱼跳龙门，寓意为望子成龙。

金鱼：金鱼的寓意是金玉满堂。如果图案中金鱼的眼睛为圆滚滚的造型，也寓意为财源滚滚。

虾：常见的造型是单只或两只虾。寓意为弯弯顺、平步青云、步步高升。

熊、鹰：有单独的熊或鹰，也有熊与鹰一起的造型。寓意为英雄本色、英雄斗志或者英雄得利，如果再有一个如意，则寓意为英雄如意。

大象：寓意吉祥或喜象。如果是与瓶一起的图案，寓意太平有象。

螭龙：传说中没有角的龙，又叫螭虎（蜥龙），乃龙的第二子。寓意美好吉祥。

海螺：海螺螺旋的外形，寓意扭转乾坤。

雄鸡：取其"吉"的谐音，寓意吉祥，图案中加上如意，则寓意吉祥如意，如果图案中有五只小鸡，寓意五子登科，即帽子（官位）、房子、车子、银子、大胖儿子。如果是有鸡冠的公鸡，则寓意官上加官。还有金鸡独立、机不可失等寓意的造型。此外，在命理文化中，兔年是与鸡六冲之年，因此，鸡的雕件还有化解之功。

螃蟹：寓意富甲天下，发横财或者八方来财（因为螃蟹有八条腿）。

蜘蛛：取"蜘蛛"与"知足"的谐音，寓意知足常乐。

鹌鹑：取"鹌"与"安"的谐音，寓意平安。如果图案中有如意，则寓意平安如意。如果图案中有菊花、落叶，则寓意安居乐业。

鳌鱼：鳌鱼是传说中的一种龙头鱼身的神物，是鲤鱼误吞龙珠而变成的，即鱼化龙之意。鱼化龙后要升天，所以寓意独占鳌头、平步青云、飞黄腾达。

壁虎：取谐音，寓意必定有福。

青蛙：由于青蛙的叫声是呱呱之声，所以寓意呱呱来财。这与两个瓜（瓜瓜来财）的寓意相同。尤其是木瓜的图案，寓意为和睦（木）生财。

蝉：寓意一鸣惊人。如果图案中有如意或蟾，则寓意常常如意。[1]

犀牛：根据犀牛望月的说法，寓意翘首企盼。

鼠：它是十二生肖之首，寓意有顽强的生命力。传说鼠是财神的助手，因此它能敛财。此外，在命理文化中，马年是与鼠六冲之年，因此，鼠的雕件还有化解之功。

牛：牛乃辛勤劳作的象征，也可以象征现在的股票市场中的牛市冲天。此外，在命理文化中，羊年是与牛六冲之年，因此，牛的雕件还有化解之功。

兔：兔的雕件主要有玉兔呈祥、前途（兔）似锦、扬眉吐（兔）气等寓意。此外，在命理文化中，鸡年是与兔六冲之年，因此，兔的雕件还有化解之功。

蛇：在传说中，蛇乃灵动之物，有"灵蛇之珠"和"灵蛇纳福"的说法，寓意心思灵活、才能非凡。此外，在命理文化中，猪年是与蛇六冲之年，因此，蛇的雕件还有化解之功。

---

[1] 笔者注：在汉代，人死后，往往在其口中放一只没有穿孔的蝉作为陪葬。玉雕历史上著名的"汉八刀"技法，在蝉的雕刻上充分体现了汉八刀的水平，寓意期盼得到永生。正是因为它是陪葬品，所以笔者不太喜欢收藏蝉的雕件。

　　马：以马为题材的雕件很多，既取马豪放、迅速的寓意，还有"马上""立即"之意。所以与马有关的题材有：马上发财（图案中加金钱、元宝等）、马上如意（图案中加如意）、马上有福（图案中加蝙蝠）、马上封侯（图案中加猴子）、龙马精神（图案中加龙）等。单独的马则寓意天马行空、一马平川等。此外，在命理文化中，鼠年是与马六冲之年，因此，马的雕件还有化解之功。

　　猴：猴的雕件大都是"金猴献寿（寿桃）""马上封侯（与马一起）"等题材，寓意十分显然。此外，在命理文化中，虎年是与猴六冲之年，因此，猴的雕件还有化解之功。

　　狗：狗的雕件大都是"全（犬）年兴旺""一丝不苟（狗）"等题材，寓意十分显然。还有取狗的叫声"汪汪"，寓意旺财，百业兴旺。此外，在命理文化中，龙年是与狗六冲之年，因此，狗的雕件还有化解之功。

　　猪：猪的雕件主要是取其与"诸"和"祝"的谐音，寓意祝福、诸事如意（图案中加如意）。在港澳、广东等地还有一种造型"猪笼入水"，象征财运。此外，在命理文化中，蛇年是与猪六冲之年，因此，猪的雕件还有化解之功。

　　猪手（猪蹄）：在港澳、广东等地有句俗话"发财就（猪）手"，因此出现了以猪蹄为题材的雕件。

三、植物类题材及寓意

　　兰花：兰花象征品性高洁。如果图案中还有桂花，寓意兰桂齐芳，即子孙优秀。

　　梅花：与松、竹一起的图案寓意岁寒三友。如果图案中有喜鹊，寓意喜上眉梢。

　　寿桃：寓意为长寿祝福。

　　豆角：四季发财豆、四季平安豆、福豆。寓意日进万斗，财运极佳。三粒豆寓意连中三元。也有用荔枝、桂圆、核桃表示连中三元。所谓"三元"，是指解元、会元、状元。

　　葫芦：取"葫芦"谐音"福禄"，寓意有福有禄。如果图案中再有两只小兽，则寓意福禄双寿。

佛手：寓意福寿（手），或一生相守。

百合：寓意百年好合。如果图案中还有藕，则寓意"佳偶天成、百年好合"。

荷花：寓意出淤泥而不染；与梅花一起寓意和和美美；和鲤鱼一起寓意连年有余；和桂花一起寓意连生贵子；一对莲蓬寓意并蒂同心；如果是一茎莲花或一茎荷叶，寓意一品清廉。

竹子：平安竹、富贵竹。竹寓意平安或节节高升。与蝙蝠一起寓意祝福。

牡丹：花开富贵，与瓶子一起寓意富贵平安。

花生：有长生不老之意，还有生生不息、开心果的说法。与龙一起寓意生意兴隆。

石榴：榴开百子，多子多福。

柿子：事事如意。

菱角：寓意伶俐，和葱在一起寓意聪明伶俐。

树叶：事业有成。再加配白金扣，寓意金枝玉叶。

缠枝莲：寓意富贵缠身。

麦穗：岁岁平安。

翠绿色的笋：出类拔萃（翠）。

辣椒：红翡雕刻的辣椒寓意红红火火。

白菜：翡翠雕刻的白菜现在很常见，寓意为"白手生财""百财"。

四、其他类题材及寓意

扇子：寓意为扶摇直上、步步高升。

鼓：寓意为古往今来、激励士气。

杯子：寓意为有备无患。

鞋子：寓意为白头偕（鞋）老。在港澳和广东地区还有两只拖鞋的造型，寓意为拍拖（谈恋爱）。

人物：如果人物身体大部分没有露出来，只露了个人头，寓意深（身）藏不漏，或者出（人头）地。

宝瓶或花瓶：寓意平安。若是鹌鹑和如意的图案，寓意平安如意。若是钟和铃的图案，寓意众生平安。

五、常见的组合题材玉雕件及寓意

中国文化元素在玉雕行业体现得十分丰富，涉及仕途、财富、爱情、婚姻、交友、平安、长寿、健康、民俗等许多方面，这是任何一种其他民族的文化所没有的现象。下面是常见的玉雕寓意。

连年有余：雕荷叶（莲）、鲤鱼（余），有的还有童子骑在鲤鱼上；有的是雕鲶鱼，取其意年年有鱼，吉庆有余，金钱有余，游刃有余（鱼），如鱼得水（今多以形容朋友或夫妻情感融洽。也用以比喻所处环境，能称心如意。），年年有钱（雕刻金钱和莲）。

福至心灵：以蝙蝠（福）和灵芝、如意（灵）为图案，或者以蝙蝠、寿桃、灵芝为图案。

福寿俱全：由蝙蝠和寿桃构成图案。

有福相伴：由蝙蝠和其他题材构成图案。

福从天降：图案的上方雕有蝙蝠。

福在眼前：由蝙蝠（福）、金钱（前）或者有孔古钱构成图案。

福寿：佛手。

福禄：葫芦。

福禄寿：葫芦（福禄）、小兽（寿）；葫芦、玉米、石榴、葡萄：因为它们内含多粒的形象，被取寓意为多子多福，还有以蝙蝠、鹿组成的桃子图案。

马上封侯：图案由一马（马）一猴（侯）组成，寓意升官。有些图案中还有一只蜜蜂。

诸侯万代：图案由猴与猪组成，寓意官运长久。

代代封侯：图案中有两只猴。

封侯拜相：图案中有大象与猴。

封侯挂印：图案中有猴与印。

双欢：图案是两只首尾相连的獾（欢），还有欢天喜地、欢欢喜喜、合家欢等寓意。

猕猴献寿或者灵猴祝寿：图案由寿桃、小猴组成。

子孙万代：图案由葫芦、花叶、蔓枝组成，取葫芦内多籽，"蔓"与"万"谐音之意。

节节高：一节竹子。寓意为步步高升、竹报平安等。

岁寒三友：由松、竹、梅组成图案，取其长青、岁寒不凋之意。

人生如意：图案由人参与如意组成。

喜上眉梢：图案为梅花枝头有一只喜鹊，如果有两只喜鹊，则寓意双喜临门。

龙凤呈祥：图案为一龙一凤。

双龙戏珠：属于翡翠雕件中常见的图案。由两条龙的龙头相对于一个火球或珠。

三星高照：图案为福、禄、寿三个神仙。

报喜图：图案为一只豹和一只喜鹊。

流云百福：图案为云纹与蝙蝠。

必定如意：图案为毛笔、银锭和如意。

福从天降：图案为一个活泼可爱的胖娃娃伸手去抓一只蝙蝠，或者蝙蝠从高处飞下来。

猪笼入水：民俗中说，水为财，猪笼入水的寓意是进大财。

大业易成：图案为一片叶子上面有蜥蜴（易——蜴、业——叶）。

今非昔比：图案为金蟾与蜥蜴。

龟鹤齐龄：图案为一龟一鹤。

鹤鹿同春：图案为一鹤、一鹿与松树。

松鹤延年：图案为仙鹤与松树。

福禄寿喜：图案为蝙蝠、鹿、桃和一个"喜"字。

多福多寿：图案为一棵桃树和几只蝙蝠。

长命百岁：图案为一只公鸡引颈长鸣。

长命富贵：图案为一只引颈长鸣的公鸡和一朵牡丹花。

福气连连：图案为一只蝙蝠和两朵莲花。

寿比南山：图案为山水、松树。

三多九如：图案为蝙蝠（或佛手）、寿桃、石榴和多只如意。①

---

① 笔者注："三多九如"是传统吉祥图案，盛行于清代。其中，以蝙蝠或佛手谐音"福"，以桃寓意"寿"，以石榴寓意"多子"，表现"多福多寿多子"的题材。再加上九只如意，谐音"九如"，即如山、如阜、如陵、如岗、如川之方至、如月之恒、如日之升、如松柏之萌、如南山之寿，皆为祝颂之意，俗称"三多九如"。

五福拱寿：图案为五只蝙蝠围绕着一只仙桃。

五福临门：图案的主体是五只蝙蝠。

连生贵子：图案为莲花的荷叶中有一个小孩。

年年有钱：图案为莲花和金钱。

四海升平：图案为四个小孩共抬一只瓶子。

平安如意：图案为瓶、鹌鹑和如意各一。

一路平安：图案为鹭鸶、瓶和鹌鹑各一。

一路连发：图案为鹭鸶和莲花。

岁岁平安：图案为麦穗（岁）、瓶（平）、鹌鹑（安）。

岁岁有钱：图案为玉米穗和钱币。

事事如意：图案为柿子和如意。

万象升平：图案为一只大象身上驼着或刻有瓶子。

麒麟送子：图案为一祥瑞麒麟背上有一小孩。

喜报三元：图案为喜鹊、桂圆和元宝三件。

平升三级：图案为一只瓶上插三只戟。

枯木逢春：图案为朽木和新芽。

花好月圆：图案为花和月亮。

君子之交：图案为灵芝和兰草。

指日高升：图案为仙鹤高飞和日出，或是一位官人手指着太阳。

官上加官：图案为鸡冠花上站着一只蝈蝈，或是雄鸡和鸡冠花。

状元及第：图案多为童子骑龙。

踏雪寻梅：图案为雪景、梅花和人物。引申为寻找意中人。

平安扣：平平安安。亦称路路通，寓意各路畅通。

谷钉纹：青铜器和古玉器常用的一种纹饰，寓意五谷丰登、生活富足。

附录一　藏传佛教"七宝"

藏传佛教的七宝在不同的经书中说法不一。

说法之一：砗磲、玛瑙、水晶、珊瑚、琥珀、珍珠、麝香；

说法之二：金、银、琉璃、玻璃、砗磲、赤珠、玛瑙；

说法之三：金、银、琉璃、砗渠、玛瑙、珍珠、玫瑰；

说法之四：金、银、水晶、琉璃、珊瑚、琥珀、砗磲；

说法之五：金、银、珊瑚、珍珠、砗磲、明月珠、摩尼宝。

总之，七宝的说法很多，没有统一标准。

附录二　开光之说

一些寺庙和道观门前，会有摆卖装饰品的商店或摊位，售卖所谓开过光的物品。于是许多信男信女会掏钱购买，希望保平安和转运。由于号称开过光，所以价格要比没有开过光的贵了许多。问题在于买主是否明白了开光是什么含义，是怎么开的光。现在许多寺庙和道观把宗教搞成了生财有道的工具，形成了宗教产业。完全背离了宗教的教义。台湾著名的星云大师说过，寺庙不可以售卖进门的门票。但是现在不卖门票的寺庙或道观几乎没有了。

至于他们搞的开光更是荒唐。甘南藏族自治州拉卜楞寺的大活佛对于开光有一种做法。笔者的一位朋友说过这样一件事，有一次朋友和其他人在拉卜楞寺见到了活佛，其中有人提请活佛为他们佩戴的物品开光。活佛没有拒绝。只是问他们，你们能等吗？众人不解，活佛解释说，为一个人的物品开光，首先要判断此人对应了哪一尊佛、观音或罗汉，然后将所对应的佛、观音或罗汉的本经对着需要开光的物品念这篇本经，一共要念七七四十九天，才能完成开光过程。

对这个说法，笔者是相信的。那么，现在那些场所摆卖的所谓的开过光的物品还可信吗？

附录三　珠宝玉石中英文名称对照表

中文名称	英文名称	中文名称	英文名称
海蓝宝石	Aquamarine	黑缟玛瑙	Onyx
蓝柱石	Aquamarine	橄榄石	Period
天青石	Aquamarine	葡萄石	Prehensile
紫水晶	Amethyst	水晶、石英	Quartz
玛瑙	Agate	红碧玺	Rubellite
琥珀、柯巴脂	Amber	红宝石	Ruby
磷灰石	Apatite	蓝宝石	Sapphire
绿宝石	Beryl	尖晶石、软红宝	Spinel
绿柱石	Beryl	红宝星光	Star Ruby
黄水晶	Citrine	蓝宝星光	Star Sapphire
珊瑚	Coral	坦桑石	Tanzanite
刚玉	Corundum	托帕石	Topaz
钻石	Diamond	碧玺、电气石	Tourmaline
透辉石	Dropsied	绿榴石	Tsavorite
祖母绿	Emerald	水晶	Crystal
石榴石	Garnet	珍珠	Pearl
软玉	Jade	贝壳	Shell
翡翠（硬玉）	Jadeite	象牙	Ivory
紫锂辉石	Kunzite	人造宝石	Man-made stone
紫晶石	Cyanide	合成宝石	Synthetic stone
黑榴石	Melanie	煤玉	Jet
月光石	Moonstone	日光石	Sunstone
欧泊、蛋白石	Opal	红玉髓	Carnelian

附录四　珠宝业的各种认证

国际上通用的权威珠宝鉴定师从业资格证书包括：

FGA 英国皇家宝石协会会员

GIG 亚洲宝石专家头衔

GIA 美国宝石学院珠宝鉴定师

IGI 国际宝石学院珠宝鉴定师

GAC 中国珠宝玉石首饰行业协会宝石鉴定师

GIC 中国地质大学珠宝鉴定师

HRD 比利时钻石高层议会高级钻石分级师

CGC 中国国家注册珠宝玉石质检师

附录五　参考文献

1.《Gemstones of the World》(Sterling Publishing，1977)

2.《宝石》(栾秉敖著，冶金工业出版社，1985)

3.《宝石学》(周国平主编，中国地质大学出版社，1989)

4.《宝石手册》(近山晶著，地质出版社，1987)

5.《和田玉》(新疆维吾尔自治区地方标准 DB65/T 035—2010)

6.《中国玉器鉴赏图录》(中国商业出版社)

7.《名钻鉴赏与收藏》(上海科学技术出版社，2013)

8.《宝石》(卡莉·霍尔著，中国友谊出版公司)

9.《中国宝石和玉石》(栾秉敖编著，新疆人民出版社，1989)

10.《翡翠把玩艺术》(何悦、张晨光著，现代出版社，2012)

11.《2005 古董拍卖年鉴·玉器》(湖南美术出版社，2005)

后　记

从笔者在20世纪80年代接触翡翠开始，到后来涉猎各类珠宝至今已近三十年，对珠宝略有了解。差不多在接触翡翠的同时，笔者开始研究传统文化。前几年，笔者萌发了写这样一本书的想法，但最终决定动笔的原因是出版社朋友们的鼓励。

撰写本书的第一个感触是珠宝与其他天然物质一样，具有不可再生性，在自然界中只会越来越稀少。因此，各种天然珠宝必然会越来越珍贵。以十年为一个时间段，各种天然珠宝价格都翻了数倍、数十倍甚至数百倍。

第二个感触是好的珠宝赏心悦目，给人一种美的享受，"爱美之心，人皆有之"。尤其是天然的美好的东西都是大自然赋予人类的。人们应该珍惜、收藏，并使之流通，实现共享。有许多珠宝的奇异之处完全可以说是鬼斧神工，不可思议。而人类对珠宝的加工和雕琢，又能巧夺天工。这是珠宝特有的优势，是其他天然物质所无法比拟的。

最深的感触是，中国数千年传统文化的传承赋予了各种珠宝独特的文化内涵，使得珠宝不仅仅是观赏、把玩和佩戴的饰品，不再是一种玩物，更不是什么简单的东西。中国传统文化中的命理学和风水学理论已经深深地融入珠宝领域。人们购买和佩戴珠宝饰品不是简单地买一件贵重物品，而是结合命理和风水知识的理性的选择。

最后一个感触是，撰写本书的过程是一个对珠宝知识系统的补课和整理的过程，对以前没有深究或模糊的一些概念，更加了解了。更值得一提的是，在为了写书而查阅、考证一些资料的过程中，笔者发现古代真腊国（今柬埔寨）进贡的宝石实际上就是叶腊石的一种，居然就是国人非常重视的印石之王——寿山石。也许这是一个很好的商机。

特别要声明的是，本书的插图中一部分引用于附录五中的多本参考文献，笔者在此谨向各本原书的作者表示深深的感谢。尤其是著名珠宝专家栾秉敖先生，笔者在二十多年前曾向他请教过珠宝知识。还要感谢珠海市图书馆的朋友提供了许多珠宝方面的参考文献。另一部分的插图则是根据笔者自己拥有的收藏品拍摄的照片。

　　与前几本书一样，本书的完成得益于家人和朋友们的支持。笔者不例外地在此表示深深的感谢。此后，笔者自己感到已经才尽，精力也有限，也许就此打住，封笔。

乙未年六月于南海之滨